AF003169

Printed by Libri Plureos GmbH in Hamburg,
Germany

9 781649 291448

تعلم

Eureka Math®

الصف 4

الوحدتان 6 و7

Great Minds PBC is the creator of Eureka Math®
Wit & Wisdom®, Alexandria Plan™, and PhD Science™

Published by Great Minds PBC. greatminds.org

Copyright © 2020 Great Minds PBC. All rights reserved. No part of this work may be reproduced or used in any form or by any means—graphic, electronic, or mechanical, including photocopying or information storage and retrieval systems—without written permission from the copyright holder.

ISBN 978-1-64929-144-8

1 2 3 4 5 6 7 8 9 10 CCD 24 23 22 21 20

Printed in the USA

تعلم ♦ تمرن ♦ انجح

تتوفر مواد طلاب يوريكا الرياضيات® *لقصة الوحدات® (من الروضة إلى الخامسة) في ثلاثية تعلم، مارس، انجح*. تدعم هذه السلسلة التمايز والمعالجة مع الاحتفاظ بمواد الطلاب منظمة ويمكن الوصول إليها. سيجد المعلمون *أن سلسلة كتب التعلم والممارسة والنجاح تقدم أيضًا موارد متماسكة - وبالتالي أكثر فعالية - للاستجابة للتدخل (RTI)، وممارسة إضافية والتعلم الصيفي.*

تعلم

تُعد مادة تعلم يوريكا الرياضيات بمثابة رفيق للطالب في الصف حيث يظهرون تفكيرهم، ويشاركون ما يعرفونه، ويشاهدون معرفتهم وهي تبني كل يوم. يضم *كتاب التعلم تجميعة الواجب الدراسي اليومي - مسائل التطبيق وتذاكر الخروج ومجموعات المسائل والقوالب - بحجم يسهل حمله والتنقل به.*

الممارسة

يبدأ كل درس في يوريكا الرياضيات بسلسلة من أنشطة الطلاقة النشطة والحيوية، بما في ذلك تلك الموجودة في ممارسة يوريكا الرياضيات. يمكن للطلاب الذين يجيدون حقائق الرياضيات الخاصة بهم إتقان المزيد من المواد بشكل أكثر عمقًا. مع *كتاب التمرين، يبني الطلاب الكفاءة في المهارات* المكتسبة حديثًا *ويعزّز التعلم السابق استعدادًا للدرس التالي.*

يوفر كتابا التعلم والتمرين كافة المواد المطبوعة التي سيستخدمها الطلاب لتدريس الرياضيات الأساسية.

إنجح

يُمكن قسم النجاح Eureka Math الطلاب من العمل بشكل فردي نحو الإتقان. تضفي مجموعات المسائل الإضافية محاذاة الدرس تلو الدرس مع تعليمات الفصل الدراسي أجواء مثالية للاستخدام كواجب منزلي أو تدريب إضافي. يرافق مساعد الواجبات المنزلية كل مجموعة مسائل، وهي عبارة عن الأمثلة العملية التي توضح كيفية حل المسائل المماثلة.

يمكن للمعلمين والمربيين استخدام كتب النجاح من مستويات الصف السابق كأدوات متوافقة مع المناهج لملء الفجوات في المعرفة التأسيسية. سيزدهر الطلاب ويتقدمون بشكل أسرع حيث تسهّل النماذج المألوفة الاتصال بمحتواهم الحالي على مستوى الصف.

EUREKA MATH®

الطلاب والأسر والمعلمين:

نشكرك على كونك جزءًا من مجتمع يوريكا الرياضيات®، حيث نحتفل برونق الرياضيات وتساؤلاتها وإثاراتها.

في الفصل الدراسي Eureka Math، يتم تنشيط التعلم الجديد من خلال التجارب الغنية والحوار. *يضع كتاب التعلم بين يدي كل طالب المطالبات وتسلسل المسائل التي يحتاجون إليها للتعبير عن تعلمهم وتعزيزه في الفصل.*

ماذا يوجد بكتاب التعلم؟

مسائل التطبيق: يعد حل المشكلات في سياق العالم الحقيقي جزءًا يوميًا من Eureka Math. يبني الطلاب الثقة والمثابرة وهم يطبّقون معرفتهم في مواقف جديدة ومتنوعة. يشجع المنهج الطلاب على استخدام عملية القراءة - الرسم - الكتابة (RDW)- اقرأ المسألة، وارسم لفهمها، واكتب معادلةً وحلًا. يُسهّل المعلمون أثناء مشاركة الطلاب لعملهم وشرح استراتيجيات الحلول لبعضهم البعض.

مجموعات المسائل: توفر مجموعة المسائل المتسلسلة بعناية فرصة داخل الفصل للعمل المستقل، مع نقاط دخول متعددة للتمايز. يمكن للمعلمين استخدام عملية التحضير والتخصيص لتحديد مسائل "يجب القيام به" لكل طالب. سيكمل بعض الطلاب مسائل أكثر من الآخرين؛ المهم هو أن جميع الطلاب لديهم فترة 10 دقائق لممارسة ما تعلموه على الفور، بدعم خفيف من معلمهم.

يحضر الطلاب مجموعة المسائل معهم إلى النقطة النهائية في كل درس: استخلاص المعلومات للطالب. هنا، يتأمل الطلاب مع أقرانهم ومعلميهم، في توضيح وتعزيز ما تساءلوا عنه، ولاحظوه، وتعلموه في ذلك اليوم.

تذاكر الخروج: يُظهر الطلاب لمعلمهم ما يعرفونه من خلال عملهم على تذكرة الخروج اليومية. يوفر التحقق من الفهم للمعلم أدلة قيّمة في الوقت الفعلي حول فعالية تعليمات ذلك اليوم، مما يمنح رؤية ثاقبة حول مكان التركيز التالي.

القوالب: من وقت لآخر، تتطلب مشكلة التطبيق أو مجموعة المسائل أو أي نشاط آخر في الفصل الدراسي أن يكون لدى الطلاب نسختهم الخاصة من صورة أو نموذج قابل لإعادة الاستخدام أو مجموعة بيانات. يُعرض كل درس من هذه النماذج مع الدرس الأول الذي يتطلب ذلك.

أين يمكنني معرفة المزيد عن موارد يوريكا الرياضيات؟

يلتزم فريق Great Minds® بدعم الطلاب والأسر والمعلمين من خلال مكتبة من الموارد المتزايدة باستمرار والمتوفرة على eureka-math.org. *يقدم الموقع أيضًا قصصًا ملهمة عن النجاح في مجتمع يوريكا الرياضيات. شارك أفكارك وإنجازاتك مع زملائك المستخدمين من خلال أن تصبح بطل Eureka Math.*

أطيب التمنيات لسنة مليئة بلحظات سعيدة!

Jill Diniz

جيل دينيز

مدير الرياضيات

Great Minds

عملية القراءة - الرسم - الكتابة

يدعم منهج يوريكا الرياضيات الطلاب أثناء حل المسائل باستخدام عملية بسيطة ومتكررة قدّمها المعلم. تدعو عملية اقرأ - ارسم - اكتب (RDW) الطلاب إلى

1. قراءة المسألة.
2. ارسم وعنوّن.
3. اكتب معادلة.
4. اكتب كلمة من جملة (بيان).

يتم تشجيع المعلمين على تعزيز العملية التعليمية عن طريق الأسئلة الاعتراضية مثل

- ماذا ترى؟
- هل يمكنك رسم شيء؟
- ما الاستنتاجات التي يمكنك استخلاصها من الرسم الخاص بك؟

كلما زادت مشاركة الطلاب في التفكير من خلال المسائل مع هذا النهج المنهجي المنفتح، زاد استيعابهم لعملية التفكير وتطبيقها تلقائيًا لسنوات قادمة.

المحتويات

الوحدة 6: الكسور العشرية

الموضوع أ: اكتشاف الأعشار

الدرس 1	3
الدرس 2	7
الدرس 3	15

الموضوع ب: أعشار وأجزاء من المئات

الدرس 4	23
الدرس 5	31
الدرس 6	39
الدرس 7	49
الدرس 8	57

الموضوع ج: مقارنة الأعداد العشرية

الدرس 9	65
الدرس 10	73
الدرس 11	81

الموضوع د: الجمع بالأعشار وأجزاء المئات

الدرس 12	87
الدرس 13	95
الدرس 14	99

الموضوع هـ: المبالغ المالية في صورة أعداد عشرية

الدرس 15	103
الدرس 16	109

الوحدة 7: اكتشاف القياس بالضرب

الموضوع أ: جداول تحويل القياسات

الدرس 1 115
الدرس 2 121
الدرس 3 127
الدرس 4 133
الدرس 5 137

الموضوع ب: حل المسائل المتضمنة لقياسات

الدرس 6 143
الدرس 7 147
الدرس 8 153
الدرس 9 159
الدرس 10 163
الدرس 11 167

الموضوع ج: التحقق مم القياسات المعبر عنها في صورة أعداد مختلطة

الدرس 12 171
الدرس 13 177
الدرس 14 183

الموضوع د: مراجعة العام

الدرس 15 187
الدرس 16 195
الدرس 17 199
الدرس 18 201

الصف 4

الوحدة 6

الاسم ______________________ التاريخ ______________

1. ظلل أول 7 وحدات من المخطط الشريطي. عد تصاعديًا بالأعشار لوضع الأرقام على خط الأعداد باستخدام عدد كسري أو عشري لكل نقطة. ضع دائرة حول العدد العشري الذي يمثل الجزء المظلل.

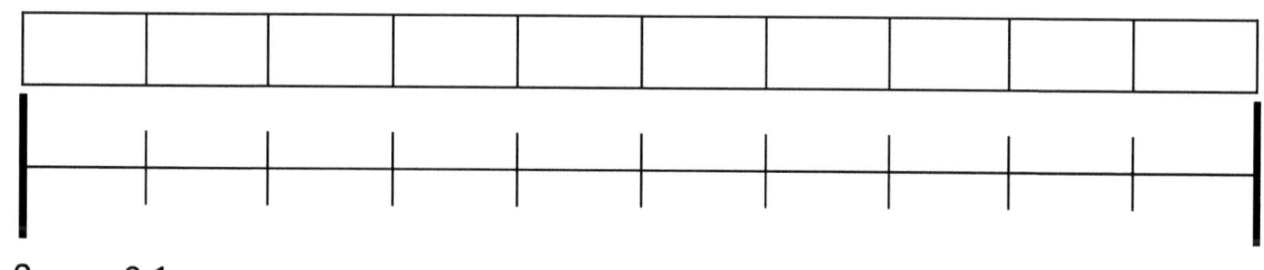

2. اكتب إجمالي كمية الماء في شكل كسري وشكل عشري. ظلل الزجاجة الأخيرة لتوضيح الكمية الصحيحة.

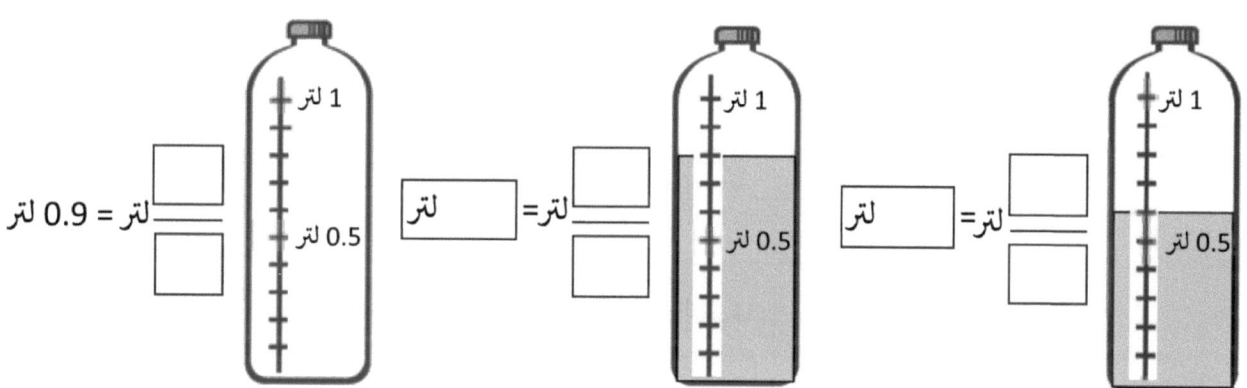

3. اكتب إجمالي وزن الطعام على كل ميزان في شكل كسري وشكل عشري.

4. اكتب طول الحشرة بالسنتيمترات. (الرسم غير قابل للوزن).

شكل كسري: __________ سم

شكل عشري: __________ سم

إلى أي مدى تحتاج الحشرة للمشي قبل أن يصل أنفها إلى علامة 1 سم؟ __________ سم

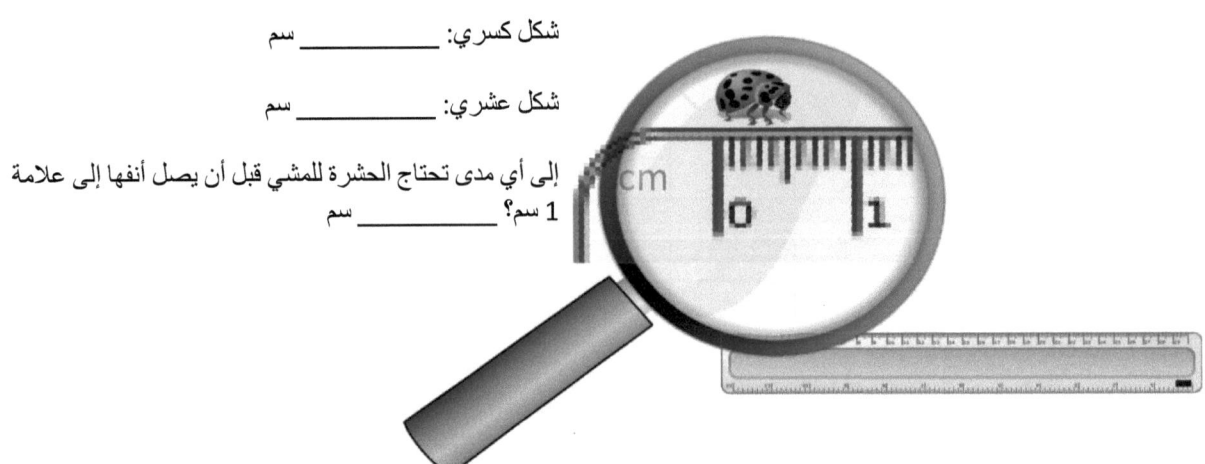

5. املأ الفراغ لتكوين جملة صحيحة في الشكلين الكسري والعشري.

أ. $\frac{8}{10}$ سم + ______ سم = 1 سم　　0.8 سم + ______ سم = 1.0 سم

ب. $\frac{2}{10}$ سم + ______ سم = 1 سم　　0.2 سم + ______ سم = 1.0 سم

ج. $\frac{6}{10}$ سم + ______ سم = 1 سم　　0.6 سم + ______ سم = 1.0 سم

6. طابق كل كمية موضحة في شكل وحدة بما يكافئها من الشكلين الكسري والعشري.

0.2	$\frac{5}{10}$	3 أعشار
0.6	$\frac{9}{10}$	5 أعشار
0.3	$\frac{2}{10}$	6 أعشار
0.5	$\frac{3}{10}$	9 أعشار
0.9	$\frac{6}{10}$	2 أعشار

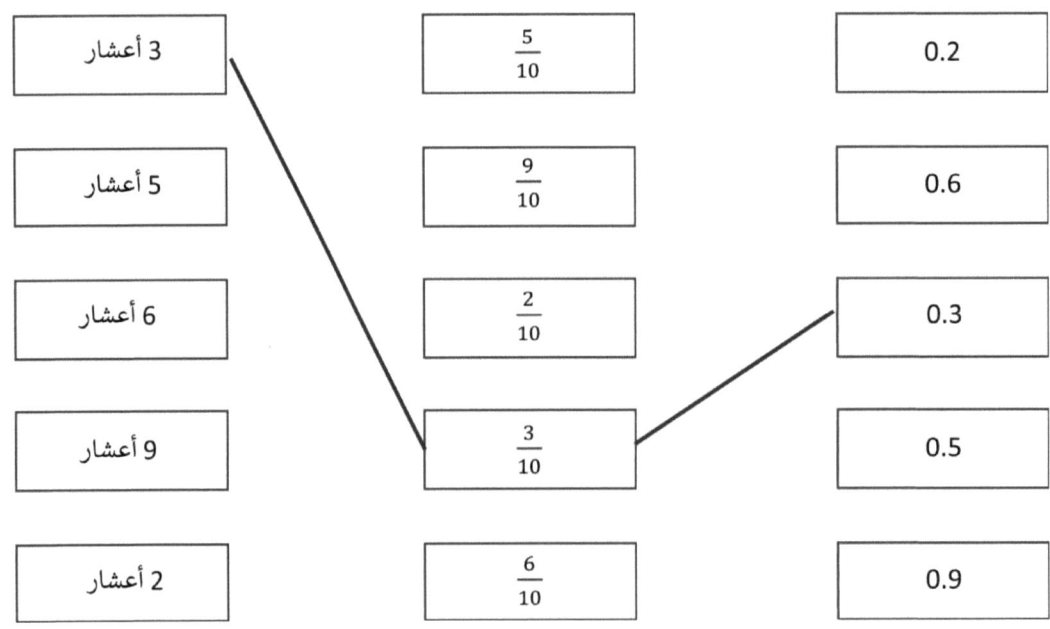

الاسم _____ تاريخ _____

1. املأ الفراغ لتكوين جملة صحيحة في الشكلين الكسري والعشري.

أ. $\frac{9}{10}$ سم + _____ سم = 1 سم   0.9 سم + _____ سم = 1.0 سم

ب. $\frac{4}{10}$ سم + _____ سم = 1 سم   0.4 سم + _____ سم = 1.0 سم

2. طابق كل كمية موضحة في شكل وحدة بما يكافئها من الشكلين الكسري والعشري.

3 أعشار	$\frac{5}{10}$	0.8
8 أعشار	$\frac{8}{10}$	0.3
5 أعشار	$\frac{3}{10}$	0.5

نمت نبتة البامبو الخاصة ببين 0.5 سنتيمتر بالأمس. ونمت اليوم سنتيمترًا $\frac{8}{10}$ آخر.

فكم سنتيمترًا نمت نبتة البامبو الخاصة ببين في كلا اليومين؟

اقرأ ارسم اكتب

الاسم _____ تاريخ _____

1. بالنسبة لكل طول معطى أدناه، ارسم قطعة مستقيمة لتطابقه. اكتب كل قياس في صورة عدد مختلط مكافئ.

   a. 2.6 سم

   b. 3.4 سم

   c. 3.7 سم

   d. 4.2 سم

   e. 2.5 سم

2. اكتب الإجمالي في صورة أعداد عشرية مكافئة. ثم اعرض العدد وأعد تسميته كما هو موضح أدناه.

   أ. آحادان و6 أعشار =

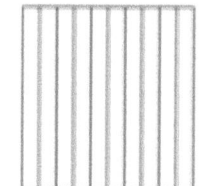 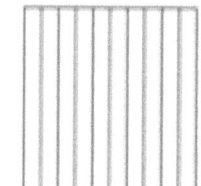 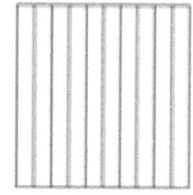 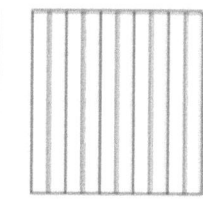 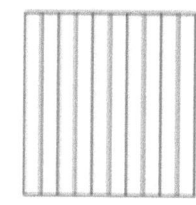

$$2\frac{6}{10} = 2 + \frac{6}{10} = 2 + 0.6 = 2.6$$

ب. 4 آحاد وعُشران = _____

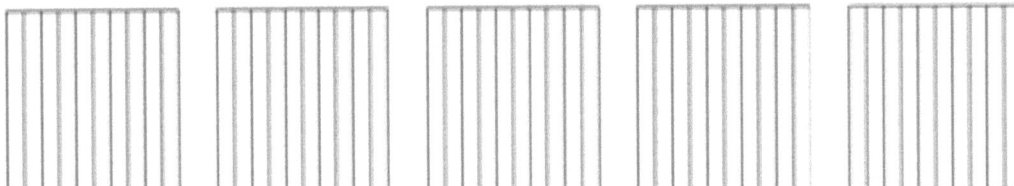

ج. _____ = $3\frac{4}{10}$

د. _____ = $2\frac{5}{10}$

فما العدد الإضافي المطلوب للحصول على 5؟ _____

هـ. _____ = $\frac{37}{10}$

فما العدد الإضافي المطلوب للحصول على 5؟ _____

الاسم _____ تاريخ _____

1. بالنسبة للطول المعطى أدناه، ارسم قطعة مستقيمة لتطابقه. اكتب القياس في صورة عدد مختلط مكافئ.

4.8 سم

2. اكتب التالي في شكل عشري وفي صورة عدد مختلط. ظلل نموذج المساحة للمطابقة.

a. 3 آحاد و7 أعشار = _____ = _____

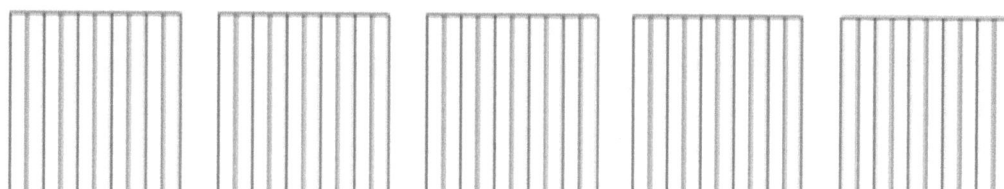

b. $\frac{24}{10}$ = _____ = _____

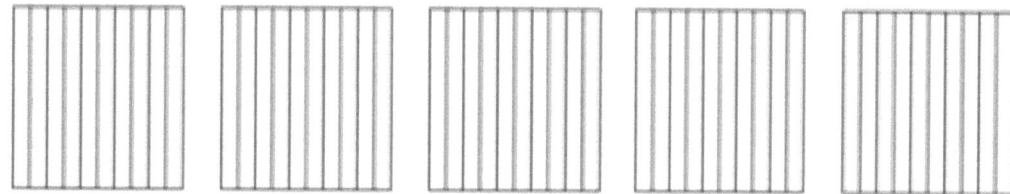

فما العدد الإضافي المطلوب للحصول على 5؟ _____

قصة الوحدات — الدرس 2 نموذج ٤•6

نموذج مساحة الأعشار

الدرس 2: استخدم المقياس المتري ونماذج المساحة لتمثيل أعشار في صورة كسور أكبر من 1 وأعداد عشرية.

اشترى إد 4 قطع من سمك السلمون بوزن إجمالي 2 كجم. تزن قطعة منها كيلوجرامًا، وتزن قطعتين كليوجرامًا لكل $\frac{4}{10}$ منها.
فما وزن $\frac{5}{10}$ قطعة السلمون الرابعة؟

اقرأ ارسم اكتب

الاسم _____ تاريخ _____

1. ضع دائرة حول مجموعات الأعشار للحصول على قدر ما يمكن من الآحاد.

أ. كم العدد الإجمالي للأعشار؟

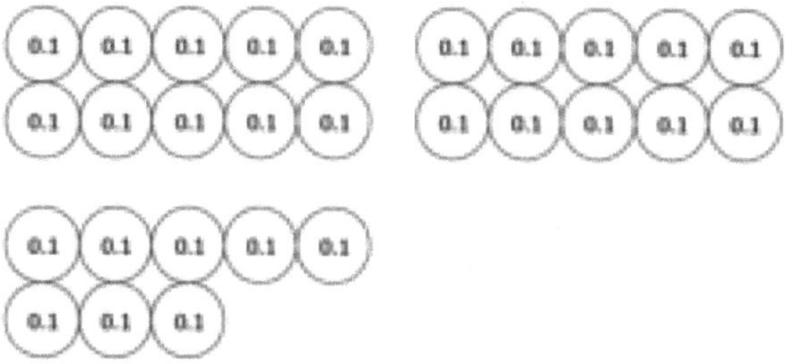

يوجد _____ أعشار.

اكتب نفس العدد وارسمه باستخدام الآحاد والأعشار.

شكل عشري: _____

فما العدد الإضافي المطلوب للحصول على 3؟ _____

ب. كم العدد الإجمالي للأعشار؟

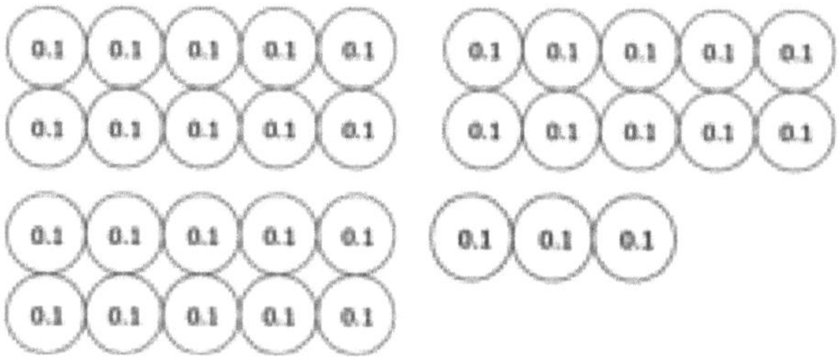

يوجد _____ أعشار.

اكتب نفس العدد وارسمه باستخدام الآحاد والأعشار.

شكل عشري: _____

فما العدد الإضافي المطلوب للحصول على 4؟ _____

2. ارسم أقراصًا لتمثيل كل عدد باستخدام عشرات وآحاد وأعشار. ثم وضح الشكل الموسع للعدد في شكل كسري وشكل عشري كما هو موضح. تم حل المسألة الأولى للتوضيح.

أ. 4 عشرات وآحادان و 6 أعشار

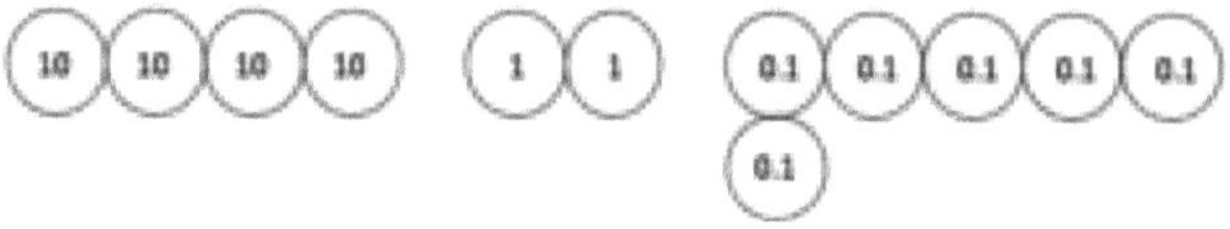

شكل موسع كسري

$(4 \times 10) + (2 \times 1) + (6 \times \frac{1}{10}) = 42\frac{6}{10}$

شكل موسع عشري

$(4 \times 10) + (2 \times 1) + (6 \times 0.1) = 42.6$

ب. عشرة و 7 آحاد و 5 أعشار

ج. عشرتان و 3 آحاد وعُشران	د. 7 عشرات و 4 آحاد و 7 أعشار

3. أكمل المخطط.

النقطة	خط الأعداد	الشكل العشري	العدد المختلط (الآحاد والشكل الكسري)	الشكل الموسع (الشكل العشري أو الكسري)	ما الذي نحتاج إليه للحصول على العدد التالي؟
أ.			$3\frac{9}{10}$		0.1
ب.	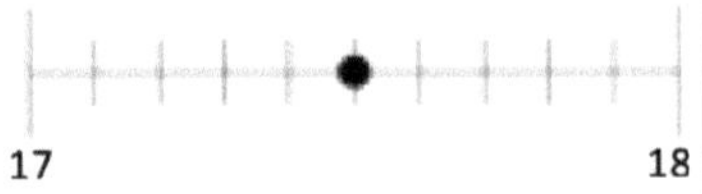				
ج.				$(7 \times 10) + (4 \times 1) + (7 \times \frac{1}{10})$	
د.			$22\frac{2}{10}$		
هـ.				$(0.1 \times 8) + (10 \times 8)$	

الاسم ______________________________ تاريخ ______________

1. ضع دائرة حول مجموعات الأعشار للحصول على قدر ما يمكن من الآحاد.

كم العدد الإجمالي للأعشار؟	اكتب نفس العدد وارسمه باستخدام الآحاد والأعشار.
يوجد ________ أعشار.	شكل عشري: ________ فما العدد الإضافي المطلوب للحصول على 2؟ ________

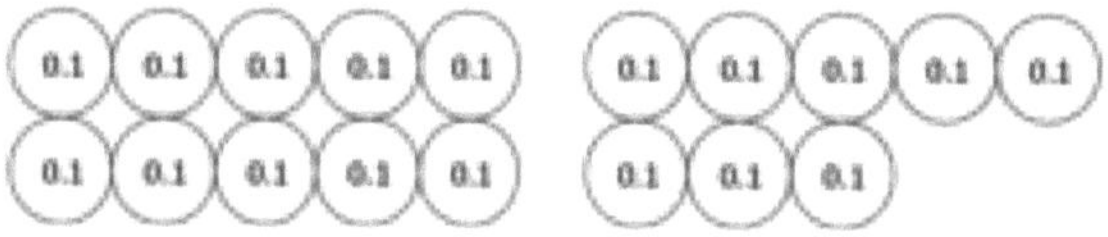

2. أكمل المخطط.

النقطة	خط الأعداد	الشكل العشري	العدد المختلط (الآحاد والشكل الكسري)	الشكل الموسع (الشكل العشري أو الكسري)	ما الذي نحتاج إليه للحصول على العدد التالي؟
أ.			$12\frac{9}{10}$		
ب.		70.7			

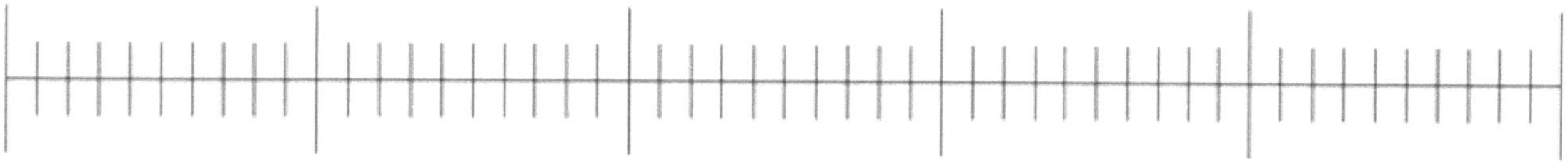

الدرس 3 نموذج 4•6
قصة الوحدات

النقطة	خط الأعداد	الشكل العشري	العدد المختلط (الآحاد والشكل الكسري)	الشكل الموسع (الشكل العشري أو الكسري)	فما العدد الإضافي المطلوب للحصول العدد التالي؟
أ.					
ب.					
ج.					
د.					

____

أعشار على خط الأعداد

الدرس 3: مثّل أعدادًا مختلطة باستخدام وحدات من عشرات وآحاد وأعشار بأقراص القيمة المكانية، وعلى خط الأعداد، وفي شكل موسع.

تُحيك آلي وشاحًا طوله مترين. وحاكت أمتارًا حتى $1\frac{2}{10}$ الآن.

أ. فكم مترًا تحتاج آلي حياكتها لإكمال الوشاح؟ اكتب الإجابة في صورة كسرية وعشرية.

ب. فكم سنتيمترًا تحتاج آلي حياكتها لإكمال الوشاح؟

اقرأ   ارسم   اكتب

الاسم _____ التاريخ _____

1. أ. ما طول الجزء المظلل من العصا المترية بالسنتيمترات؟

ب. أي كسر من المتر يساوي سنتيمترًا واحدًا؟

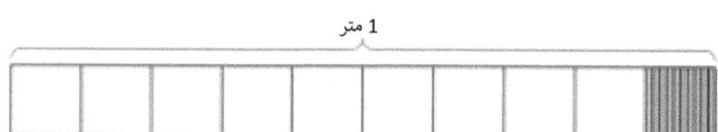

ج. اكتب طول الجزء المظلل من العصا المتري في شكل كسري.

د. اكتب طول الجزء المظلل من العصا المترية في شكل عشري.

هـ. أي كسر من المتر يساوي 10 سنتيمترات؟

2. أكمل الفراغات.

a. عُشر واحد = ____ أجزاء من المئات

ب. $\frac{1}{10}$ m = $\frac{}{100}$ m

ج. $\frac{2}{10}$ m = $\frac{20}{}$ m

3. استخدم النموذج لجمع الأجزاء المظللة كما هو موضح. اكتب رابطة رقمية بالإجمالي المكتوب في شكل عشري والأجزاء المكتوبة في صورة كسور. تم حل المسألة الأولى للتوضيح.

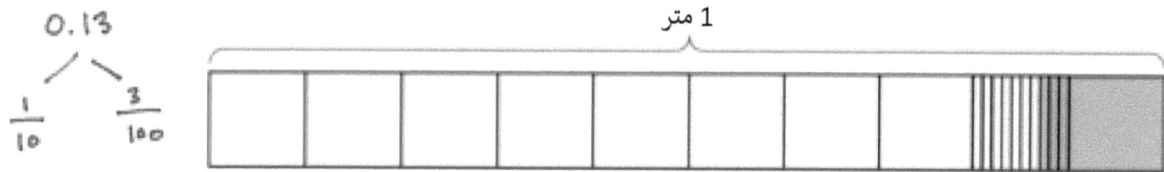

$$\frac{1}{10}m + \frac{3}{100}m = \frac{13}{100}m = 0.13m$$

.b

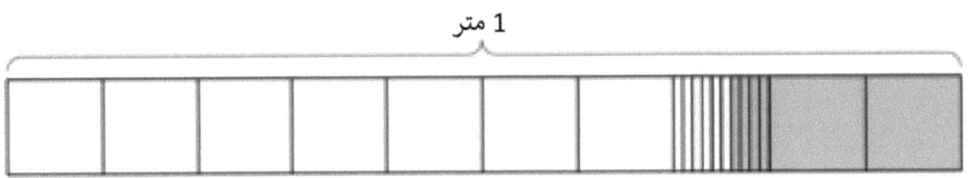

.c

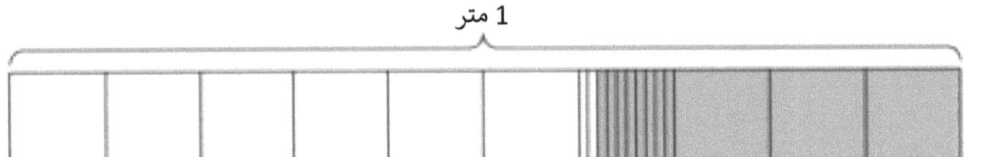

4. ظلل الكمية الموضحة على كل عصا مترية. ثم اكتب عددًا عشريًا مكافئًا.

.a $\frac{8}{10}$m

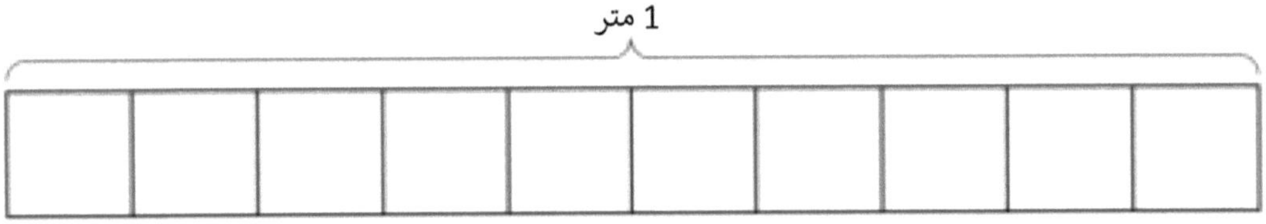

.b $\frac{7}{100}$m

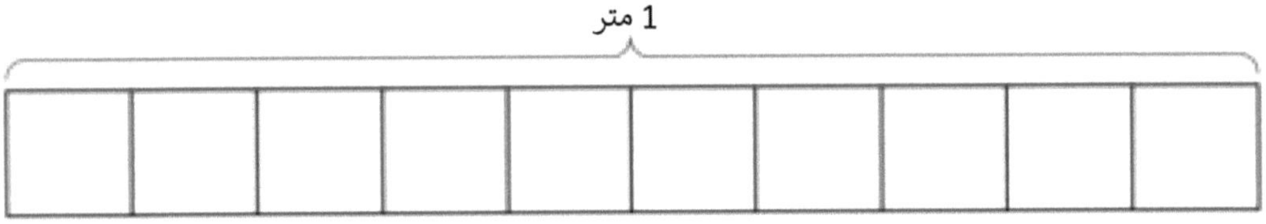

.c $\frac{19}{100}$m

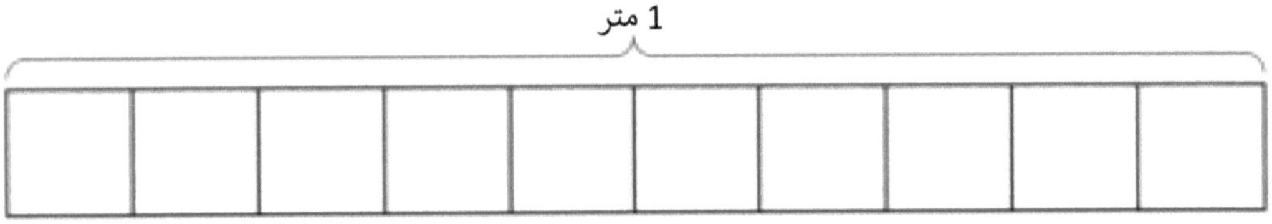

5. ارسم رابطة رقمية، واستخرج الأعشار من أجزاء المئات، كما في المسألة 3. اكتب الإجمالي في صورة عدد عشري مكافئ.

أ. $\frac{19}{100}$m

ب. $\frac{28}{100}$m

ج. $\frac{77}{100}$

د. $\frac{94}{100}$

EUREKA MATH

الاسم _____ التاريخ _____

1. ظلل الكمية الموضحة. ثم اكتب عددًا عشريًا مكافئًا.

$\frac{6}{10}$ m

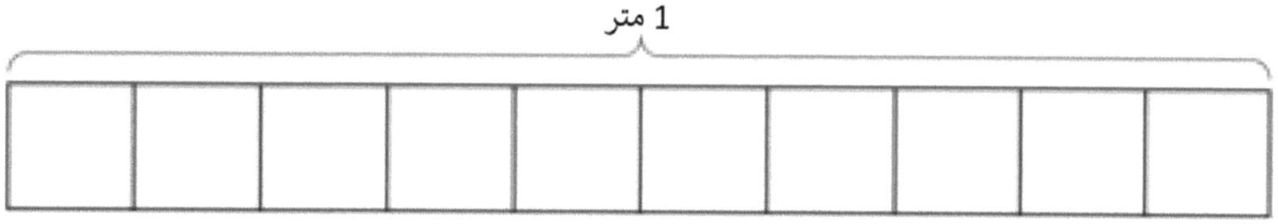

2. ارسم رابطة رقمية، واستخرج الأعشار من أجزاء المئات. اكتب الإجمالي في صورة عدد عشري مكافئ.

a. $\frac{62}{100}$ m

b. $\frac{27}{100}$

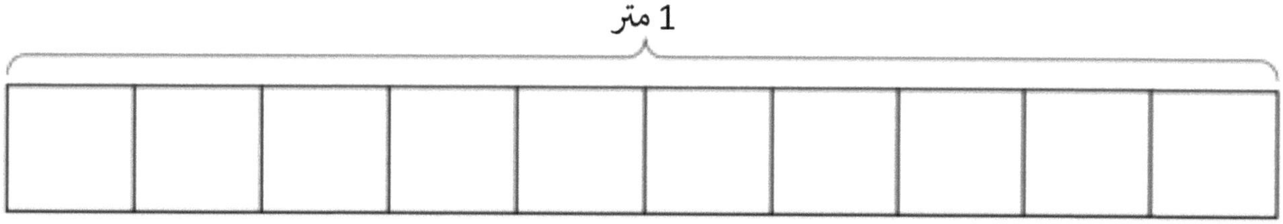

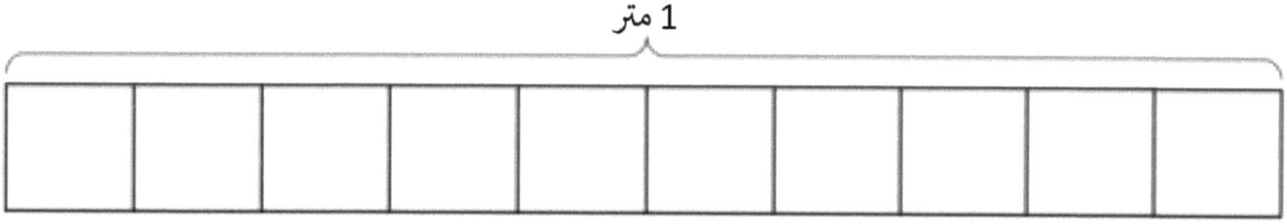

قصة الوحدات | الدرس 4 نموذج | 4•6

1 متر

1 متر

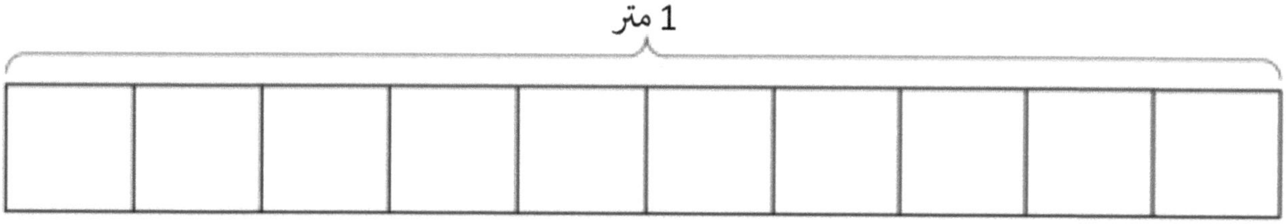

1 متر

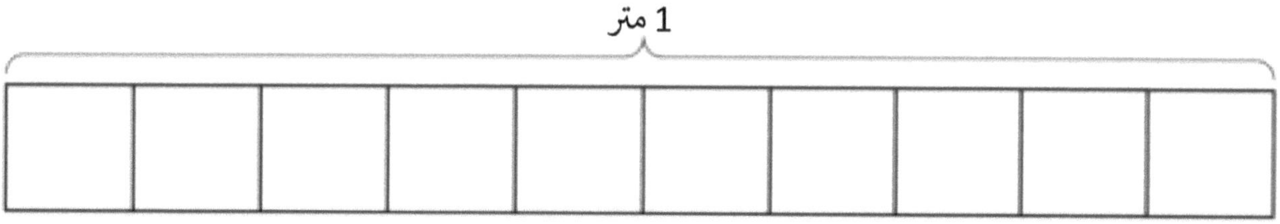

1 متر

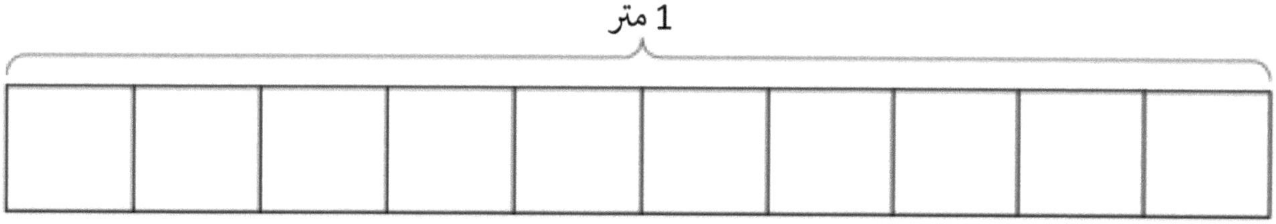

1 متر

مخطط شريطي بالأعشار

الدرس 4: استخدم الأمتار لعرض تحليل رقم صحيح واحد إلى أجزاء من المئات. مثل أجزاء المئات وعدها.

قياس محيط مربع ما 0.48 م. فما قياس كل ضلع بالسنتيمترات؟

اقرأ   ارسم   اكتب

الاسم ______________________________ التاريخ ______________

.1 أوجد الكسر المكافئ باستخدام الضرب والقسمة. ظلل نماذج المساحة لتوضيح التكافئ. سجله في صورة عدد عشري.

.a $\frac{3\times}{10\times} = \frac{__}{100}$

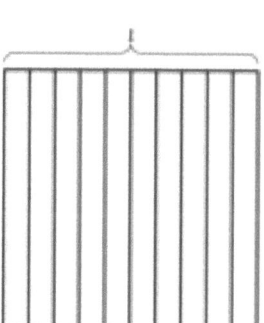

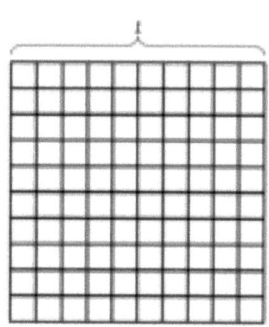

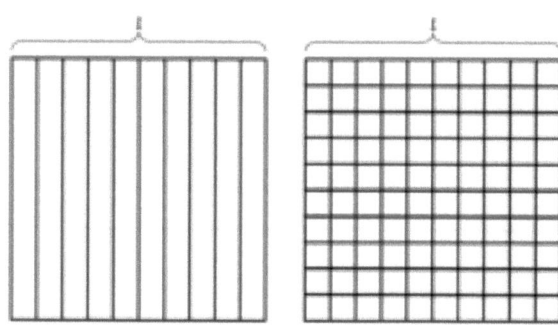

.ب $\frac{50\div}{100\div} = \frac{__}{10}$

.2 أكمل الجمل الرقمية. ظلل الكمية المكافئة على نموذج المساحة، وارسم خطوطًا عمودية للحصول على أجزاء المئات.

.a 37 جزءًا من المئات = ____ أعشار + ____ أجزاء من المئات

شكل كسري: _____

شكل عشري: _____

.b 75 جزءًا من المئات = ____ أعشار + ____ أجزاء من المئات

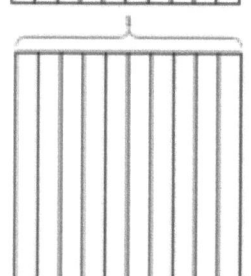

شكل كسري: _____

شكل عشري: _____

.3 ضع دائرة حول أجزاء المئات لتركيب أعشار بقدر ما يمكنك. أكمل الجمل الرقمية. مثل كل منها برابطة رقمية كما هو موضح.

.a

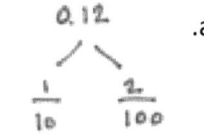

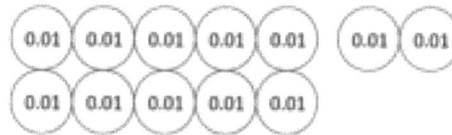

________ أجزاء من المئات = ________ أعشار + ________ أجزاء من المئات

.b

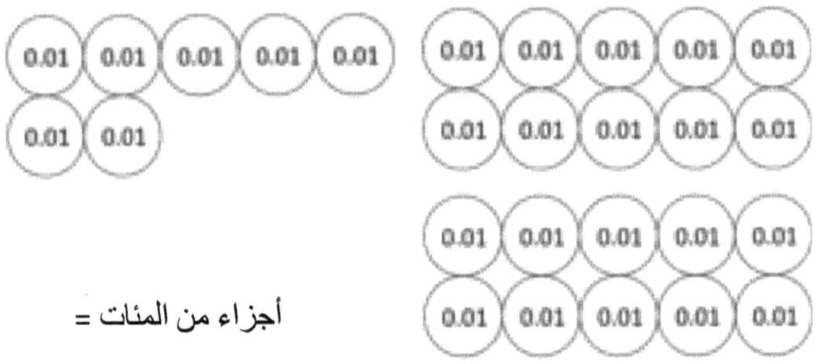

أجزاء من المئات = ____ أعشار + ________ أجزاء من المئات

4. استخدم أقراص القيمة المكانية لكل من الأعشار وأجزاء المئات لتمثيل كل عدد. اكتب العدد المكافئ في شكل وحدة وشكل كسري وعشري.

أ. $\frac{3}{100} = 0.$_____ أجزاء من المئات	ب. $\frac{15}{100} = 0.$_____ _____ أعشار _____ أجزاء من المئات
ج. 0.72 = _____ أجزاء من المئات	د. 0.80 = _____ أعشار _____
هـ. _____ = 0. _____ 7 أعشار وجزءان من المئات	و. _____ = 0. _____ 80 جزءًا من المئات

الاسم _____ التاريخ _____

استخدم أقراص القيمة المكانية لكل من الأعشار وأجزاء المئات لتمثيل كل كسر. اكتب العدد العشري المكافئ، واملأ الفراغات لتمثيل كل عدد في شكل وحدة.

1. $\frac{7}{100}$ = 0.____

____ أجزاء من المئات

2. $\frac{34}{100}$ = 0.____

____ أعشار ____ أجزاء من المئات

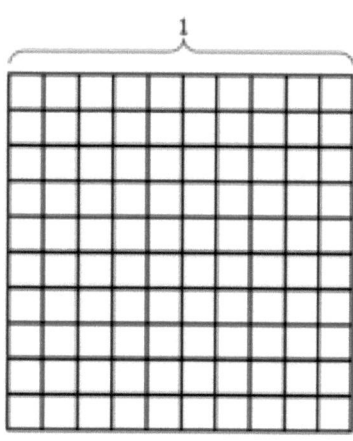
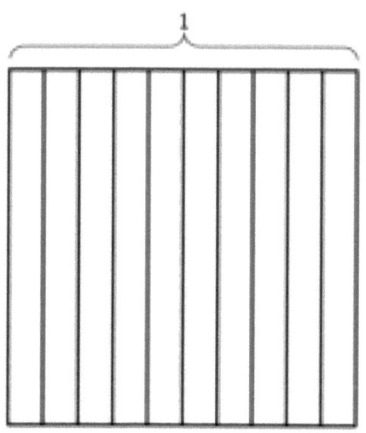
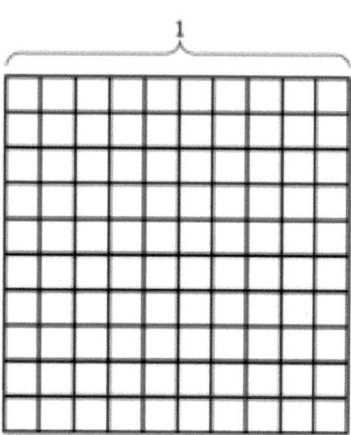
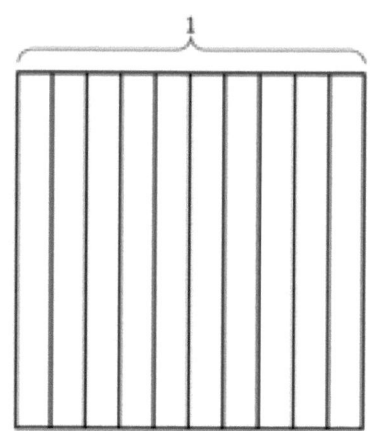
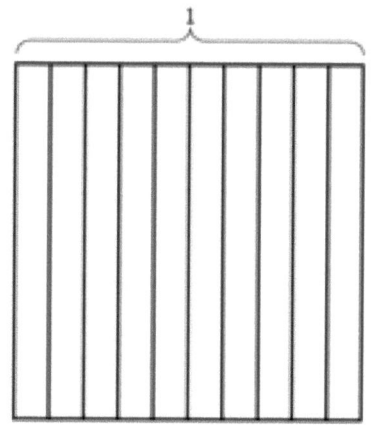
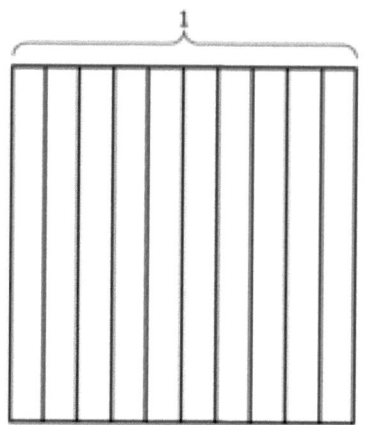

أجزاء الأعشار والمئات هي نموذج المساحة

يوضح الجدول محيطات أربع مستطيلات.

أ. أي المستطيلات لديه أصغر محيط؟

المستطيل	المحيط
أ	54 سم
ب	$\frac{69}{100}$ م
ج	54 م
د	0.8 م

ب. كم مترًا يقل محيط المستطيل ج عن الكيلومتر الواحد؟

اقرأ ارسم اكتب

c. قارن بين محيطي المستطيلين ب و د. أي مستطيل لديه أكبر محيط؟ كم يزيد؟

اقرأ   ارسم   اكتب

الاسم ______________________________ التاريخ ______________

1. ظلل نموذج المساحة لتمثيل العدد، وارسم خطوطًا عمودية للحصول على أجزاء مئات إذا لزم الأمر. حدد النقطة المقابلة على خط الأعداد. ضع عددًا باستخدام نقطة، وسجل العدد المختلط في صورة عشرية.

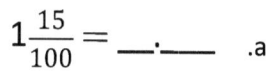

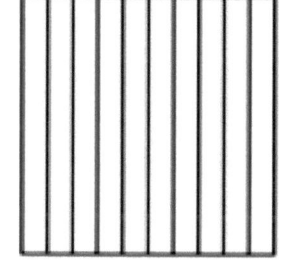

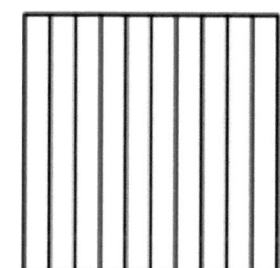

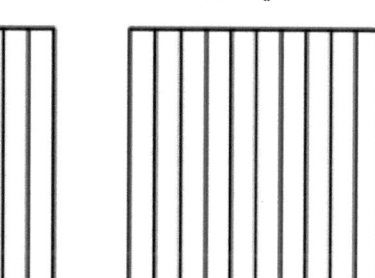

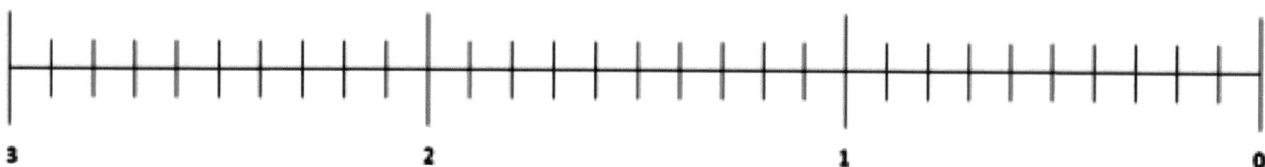

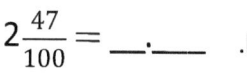

a. $1\frac{15}{100} =$ ___.___

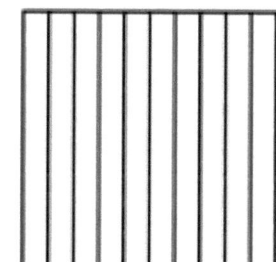

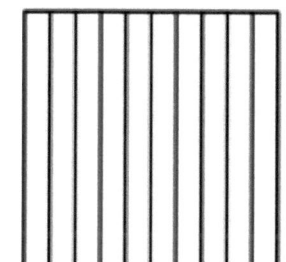

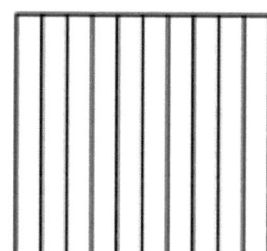

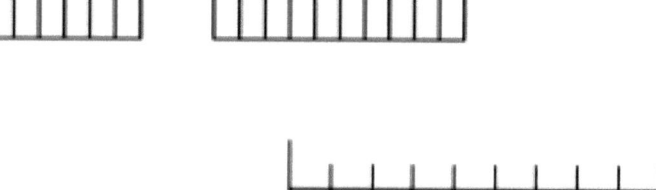

b. $2\frac{47}{100} =$ ___.___

2. قدر لتحديد النقاط على خطوط الأعداد.

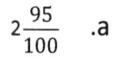

a. $2\frac{95}{100}$

ب. $7\frac{52}{100}$

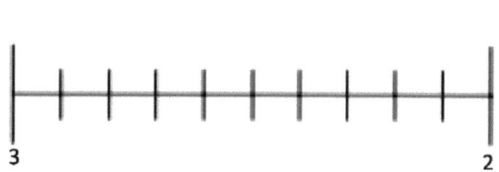

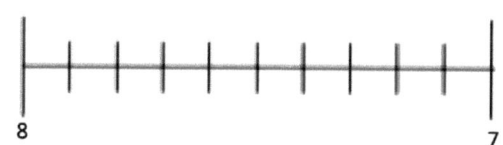

3. اكتب العدد الكسري والعشري المكافئ لكل عدد من الأعداد التالية.

أ. آحاد واحد وجزءان من المئات	ب. آحاد واحد و17 جزءًا من المئات
ج. آحادان و8 أجزاء من المئات	د. آحادان و27 جزءًا من المئات
هـ. 4 آحاد و58 جزءًا من المئات	و. 7 آحاد و70 جزءًا من المئات

4. ارسم خطوطًا من نقطة لنقطة لمطابقة الشكل العشري لكل من شكل الوحدة والشكل الكسري. يجب أن تتضمن جميع أشكال الوحدات والكسور على تطابق واحد على الأقل، وبعضها يتضمن أكثر من تطابق واحد.

7 آحاد و13 مئات	7.30	$7\frac{3}{100}$
7 آحاد و3 مئات	7.3	73
7 آحاد و 3 عشرات	7.03	$7\frac{13}{100}$
7 عشرات و3 آحاد	7.13	$7\frac{30}{100}$
	73	

الاسم ______________________________ التاريخ ______________

1. قدر لتحديد النقاط على خطوط الأعداد. ضع علامة على النقطة وسمِها في صورة عدد عشري.

a. $7\frac{20}{100}$

ب. $1\frac{75}{100}$

2. اكتب الكسر والعدد العشري المكافئين لكل عدد.

a. 8 آحاد و24 جزءًا من المئات

ب. آحادان و6 أجزاء من المئات.

قصة الوحدات | الدرس 6 نموذج 1 | 4•6

نموذج المساحة

الدرس 6: استخدم نموذج المساحة وخط الأعداد لتمثيل أعداد مختلطة باستخدام وحدات من الآحاد والأعشار وأجزاء المئات في أشكال كسرية وعشرية.

قصة الوحدات • الدرس 6 نموذج 2 • 4•6

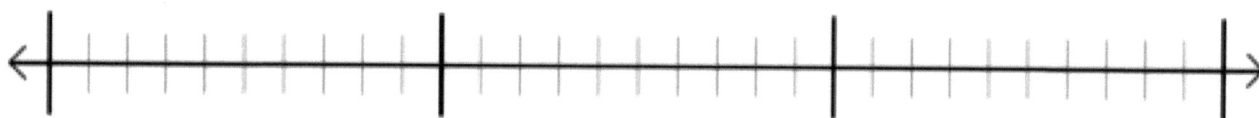

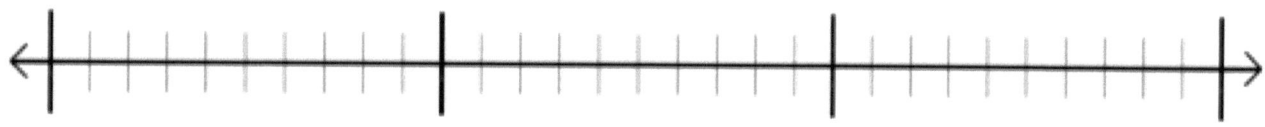

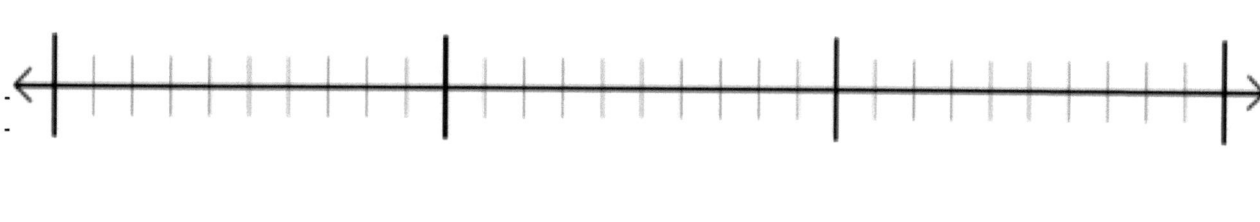

خط أعداد

الدرس 6: استخدم نموذج المساحة وخط الأعداد لتمثيل أعداد مختلطة باستخدام وحدات من الآحاد والأعشار وأجزاء المئات في أشكال كسرية وعشرية.

استخدم قوالب الأنماط لإنشاء شكل واحد على الأقل بخط تماثل واحد على الأقل. ارسم شكلك أدناه.

اقرأ   ارسم   اكتب

الاسم ______________________________ التاريخ ______________

1. اكتب جملة رقمية عشرية لتحديد القيمة الإجمالية على أقراص القيمة المكانية.

a.

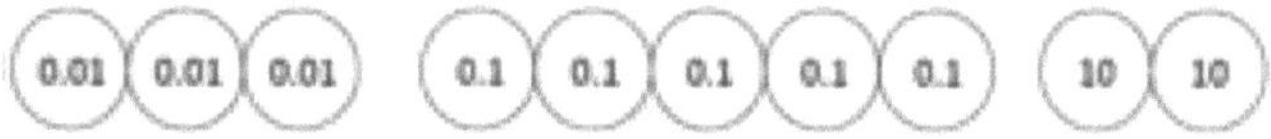

2 عشرة　　5 أعشار　　3 جزء من المائة

________ + ________ + ________ = ________

b.

5 مئات　　4 جزء المائة

________ + ________ = ________

2. استخدم مخطط القيمة المكانية للإجابة على الأسئلة التالية. اكتب قيمة الأرقام في شكل وحدة.

مئات	عشرات	آحاد	•	أعشار	أجزاء المئات
4	1	6		8	3

a. الرقم ______ في منزلة المئات. ولديه قيمة ______________________.

b. الرقم ______ في منزلة العشرات. ولديه قيمة ______________________.

c. الرقم ______ في منزلة الأعشار. ولديه قيمة ______________________.

d. الرقم ______ في منزلة أجزاء المئات. ولديه قيمة ______________________.

مئات	عشرات	آحاد	•	أعشار	أجزاء المئات
5	3	2		1	6

e. الرقم ______ في منزلة المئات. ولديه قيمة ______________________.

f. الرقم ______ في منزلة العشرات. ولديه قيمة ______________________.

g. الرقم ______ في منزلة الأعشار. ولديه قيمة ______________________.

h. الرقم ______ في منزلة أجزاء المئات. ولديه قيمة ______________________.

3. اكتب كل عدد عشري في صورة كسر مكافئ. ثم اكتب كل عدد في شكل موسع، واستخدام العلامتين العشرية والكسرية. تم حل المسألة الأولى للتوضيح.

الشكلان الكسري والعشري	شكل موسع: العلامة الكسرية	شكل موسع: العلامة العشرية
$15.43 = 15\frac{43}{100}$	$(1 \times 10) + (5 \times 1) + \left(4 \times \frac{1}{10}\right) + \left(3 \times \frac{1}{100}\right)$ $10 + 5 + \frac{4}{10} + \frac{3}{100}$	$(1 \times 10) + (5 \times 1) + (4 \times 0.1) + (3 \times 0.01)$ $10 + 5 + 0.4 + 0.03$
______ = 21.4		
______ = 38.09		
______ = 50.2		
______ = 301.07		
______ = 620.80		
______ = 800.08		

الاسم ______________________________ التاريخ ____________

1. استخدم مخطط القيمة المكانية للإجابة على الأسئلة التالية. اكتب قيمة الأرقام في شكل وحدة.

أجزاء المئات	أعشار	•	آحاد	عشرات	مئات
4	6		7	2	8

أ الرقم ______ في منزلة المئات. ولديه قيمة ______________________.

ب. الرقم ______ في منزلة العشرات. ولديه قيمة ______________________.

ج. الرقم ______ في منزلة الأعشار. ولديه قيمة ______________________.

د. الرقم ______ في منزلة أجزاء المئات. ولديه قيمة ______________________.

2. أكمل المخطط التالي.

الكسر	شكل موسع		عدد عشري
	العلامة الكسرية	العلامة العشرية	
$422 \frac{8}{100}$			
	$3 \times 100 + (9 \times \frac{1}{10}) + (2 \times \frac{1}{100})$		

4•6 الدرس 7 النموذج
قصة الوحدات

مئات	عشرات	آحاد	•	أعشار	أجزاء المئات

مخطط القيمة المكانية

الدرس 7: اعرض أعدادًا مختلطة باستخدام وحدات من مئات وعشرات وآحاد وأعشار وأجزاء من المئات في شكل موسع وعلى مخطط القيمة المكانية.

كان لدى جاشون 5 عملات نقدية من فئة المائة دولار و6 عملات نقدية من فئة العشر دولارات في محفظته. وكان لدى ألفا 58 ورقة نقدية من فئة العشر دولارات تحت فراشها. وكان لدى جيمس 556 ورقة نقدية من فئة الدولار الواحد في حصالته. وقرروا جمع أموالهم لشراء جهاز كمبيوتر. عبر عن إجمالي المبلغ المالي الذي استخدموه بالورقات النقدية التالية:

a. مئات وعشرات وآحاد

b. عشرات وآحاد

اقرأ   ارسم   اكتب

c. آحاد

اقرأ   ارسم   اكتب

الاسم _____ التاريخ _____

1. استخدم نموذج المساحة لتمثيل $\frac{250}{100}$. أكمل الجملة الرقمية.

a. $\frac{250}{100}$ = _____ أعشار = _____ آحاد _____ أعشار = _____ .

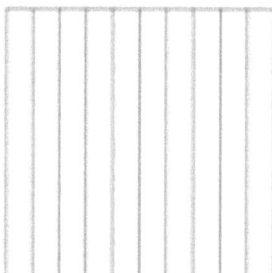 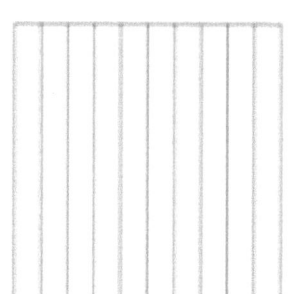 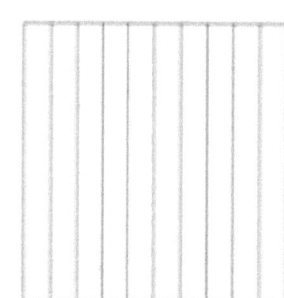

b. في الفراغ أدناه، اشرح كيف حددت إجابتك للجزء (أ).

2. ارسم أقراص القيمة المكانية لتمثيل التحاليل التالية:

آحادان = _____ أعشار

أجزاء المئات	.	أعشار	آحاد

وعُشران = _____ أجزاء من المئات

أجزاء المئات	.	أعشار	آحاد

آحاد واحد و 3 أعشار = _____ أعشار

أجزاء المئات	.	أعشار	آحاد

وعُشران و 3 أجزاء من المئات = _____ أجزاء من المئات

أجزاء المئات	.	أعشار	آحاد

3. حلل الوحدات لتمثيل كل عدد في صورة أعشار.

a. 1 = _____ أعشار

b. 1.7 = _____ أعشار

c. 10.7 = _____ أعشار

ب. 2 = _____ أعشار

ج. 2.9 = _____ أعشار

د. 20.9 = _____ أعشار

4. حلل الوحدات لتمثيل كل عدد في صورة جزء من المئات.

a. 1 = _____ أجزاء من المئات

b. 1.7 = _____ أجزاء من المئات

c. 10.7 = _____ أجزاء من المئات

ب. 2 = _____ أجزاء من المئات

ج. 2.9 = _____ أجزاء من المئات

د. 20.9 = _____ أجزاء من المئات

5. أكمل المخطط. تم حل المسألة الأولى للتوضيح.

عدد عشري	عدد مختلط	أعشار	أجزاء المئات
2.1	$2\frac{1}{10}$	21 عُشرًا $\frac{21}{10}$	210 جزءًا من المئات $\frac{210}{100}$
4.2			
8.4			
10.2			
75.5			

الاسم ______________________ التاريخ ____________

1. أ. ارسم أقراص القيمة المكانية لتمثيل التحليل التالي:

آحادان و3 أعشار = _____ أعشار

آحاد	•	أعشار	المئات

ب. 3 آحاد وعُشران = _____ أجزاء من المئات

2. حل الوحدات.

a. 2.6 = _____ أعشار

ب. 6.1 = _____ أجزاء من المئات

عشرات	آحاد	.	جزء من عشرة	جزء من مئة

نموذج المساحة ومخطط القيمة المكانية

يزن كلب كيلي 14 كيلوجرامًا و24 جرامًا. ويزن كلب ماري 14 كيلوجرامًا و205 جرامًا. ويزن كلب هاي جونغ 4720 جرامًا.

أ. رتب وزن أوزان الكلاب بالجرامات من الأصغر للأكبر.

ب. فكم يزيد وزن الكلب الأثقل وزنًا عن الكلب الأخف وزنًا؟

اقرأ   ارسم   اكتب

الاسم ________________________________ التاريخ ____________________

1. اكتب أطوال الأجزاء المظللة في شكل عشري. اكتب جملة لمقارنة الطولين. *استخدم التعبير الجبري* *أقصر من* *أو* *أطول من* في جملتك.

a.

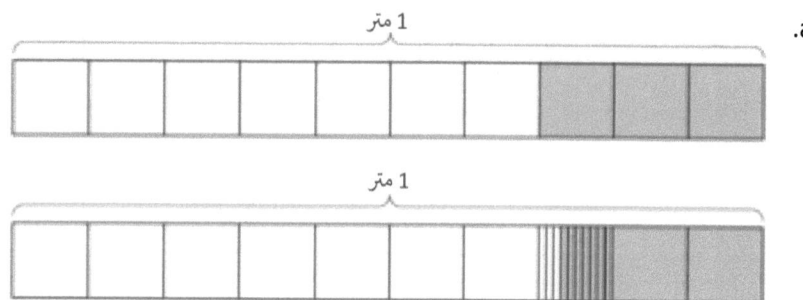

b.

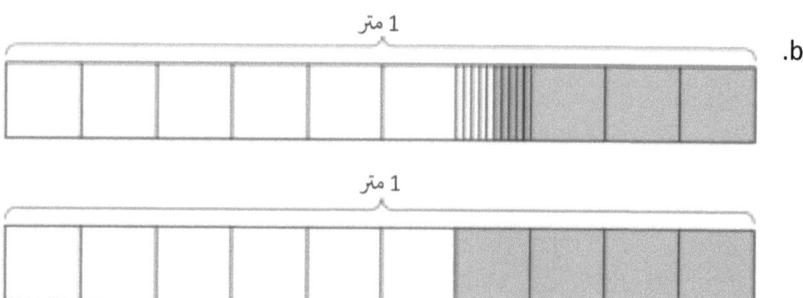

c. أدرج الأطوال الأربعة من الأقصر إلى الأطول.

2. أ. افحص كتلة كل أداة موضحة أدناه على موازين الكيلو جرام الواحد. ضع علامة × على الأداة الأثقل من ثمرة الأفوكادو.

0.2 كغم | 0.12 كغم | 0.6 كغم | 0.61 كغم

ب. اكتب كتلة كل أداة على مخطط القيمة المكانية.

كتلة الفاكهة (بالكيلوجرامات)

أجزاء المئات	أعشار	.	آحاد	الفواكه
				أفوكادو
				تفاح
				موز
				عنب

ج. أكمل البيانات أدناه باستخدام الكلمات أثقل من أو أخف من في بياناتك.

ثمرة الأفوكادو تساوي _____ من التفاح.

عنقود موز يساوي _____ من عنقود العنب.

3. سجل حجم الماء في كل أسطوانة مدرجة على مخطط القيمة المكانية أدناه.

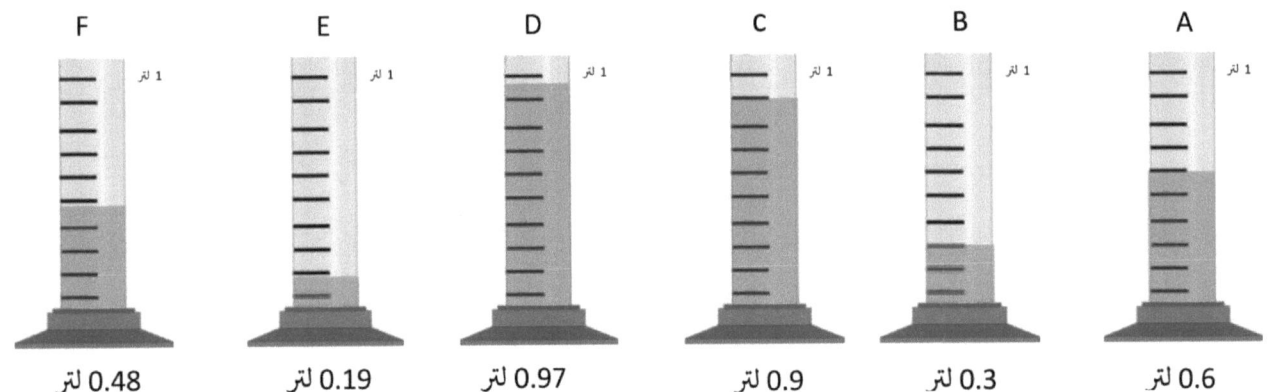

F	E	D	C	B	A
0.48 لتر	0.19 لتر	0.97 لتر	0.9 لتر	0.3 لتر	0.6 لتر

حجم الماء (باللترات)

أجزاء المئات	أعشار	.	آحاد	أسطوانة
				أ
				ب
				ج
				د
				هـ
				و

قارن القيم باستخدام < أو > أو =.

a. 0.9 لتر _____ 0.6 لتر

b. 0.48 لتر _____ 0.6 لتر

c. 0.3 لتر _____ 0.19 لتر

d. اكتب حجم الماء في كل أسطوانة مدرجة بالترتيب من الأصغر إلى الأكبر.

الاسم ________________________________ التاريخ ________________

1. أ. يقيس دوغ أطوال ثلاثة خيوط ويُظلل مخططات شريطية لتمثيل طول كل خيط كما هو موضح أدناه. اكتب طول كل خيط في شكل عشري.

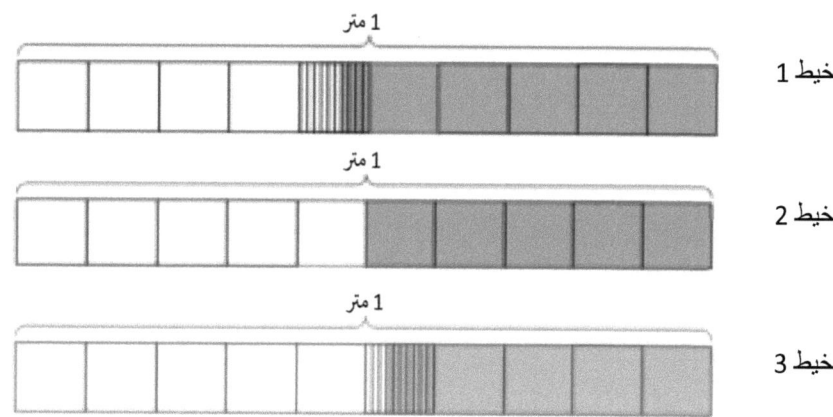

خيط 1

خيط 2

خيط 3

ب. أدرج أطوال الخيوط بالترتيب من الأطول إلى الأقصر.

2. قارن القيم أدناه باستخدام علامات > أو < أو =.

a. 0.8 كجم ________ 0.6 كجم

b. 0.36 كجم ________ 0.5 كجم

c. 0.4 كجم ________ 0.47 كجم

4•6

الدرس و تذكرة الخروج

قصة الوحدات

كتلة أكياس الأرز (بالكيلوجرامات)

كيس أرز	آحاد	.	أعشار	أجزاء المئات
أ				
ب				
ج				
د				

حجم السائل (باللترات)

أسطوانة	آحاد	.	أعشار	أجزاء المئات
أ				
ب				
ج				
د				

تسجيل القياس

الدرس 9: استخدم مخطط القيمة المكانية والقياس المتري لمقارنة الأعداد العشرية والإجابة على أسئلة المقارنات.

في صف العلوم، يحتوي دورق إميلي الذي سعته لترًا واحدًا على 0.3 لتر من الماء. ويحتوي دورق آلي على 0.8 لتر من الماء، ويحتوي دورق كاتي على 0.63 لتر من الماء. أي من آلي وكاتي يمكنها سكب كل ما لديها من ماء في دورق إميلي دون أن يزيد ما يحتويه دورق إميلي عن لترًا واحدًا؟

اقرأ   ارسم   اكتب

الاسم ______________________________ التاريخ ______________

1. ظلل نماذج المساحة أدناه، وحلل الأعشار إذا لزم الأمر، لتمثيل أزواج الأعداد العشرية. املأ الفراغ باستخدام > أو < أو = لمقارنة الأعداد العشرية.

a. 0.23 ________ 0.4

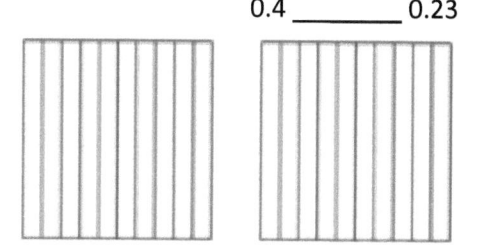

ب. 0.6 ________ 0.38

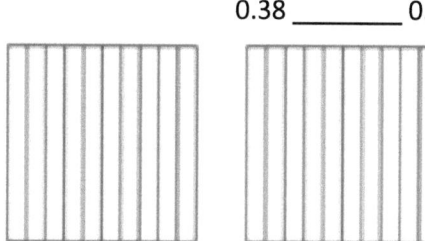

ج. 0.09 ________ 0.9

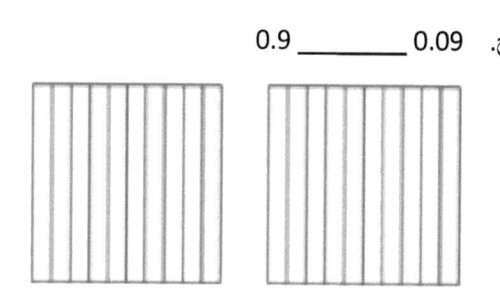

ج. 0.70 ________ 0.7

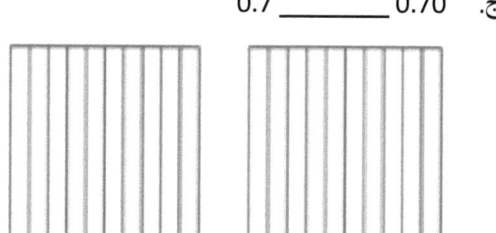

2. حدد النقاط وسمِّها لكل الأعداد العشرية على خط الأعداد. املأ الفراغ باستخدام > أو < أو = لمقارنة الأعداد العشرية.

a. 10.03 ________ 10.3

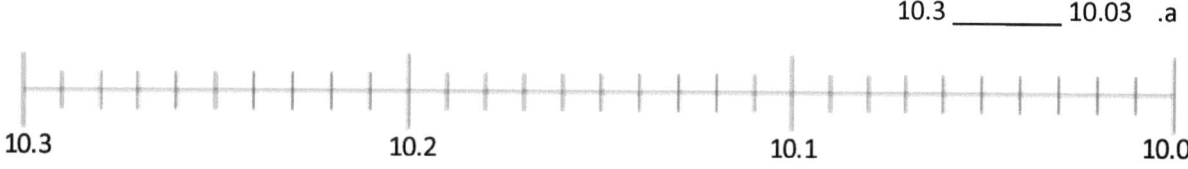

b. 12.68 ________ 12.8

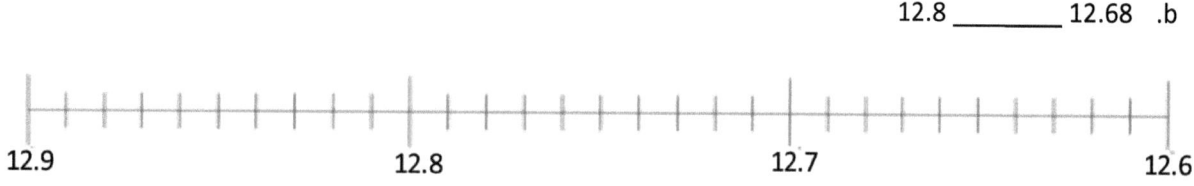

3. استخدم الرموز > أو < أو = للمقارنة.

أ. 3.42 ______ 3.75

ب. 4.21 ______ 4.12

ج. 2.15 ______ 3.15

د. 4.04 ______ 6.02

هـ. 12.7 ______ 12.70

و. 1.9 ______ 1.21

4. استخدم الرموز > أو < أو = للمقارنة. استخدم صورًا للحل إذا لزم الأمر.

أ. 23 أعشار ______ 2.3

ب. 1.04 ______ آحاد واحد و4 أعشار

ج. $6\frac{7}{10}$ ______ 6.07

د. 0.45 ______ $\frac{45}{10}$

هـ. $\frac{127}{100}$ ______ 1.72

هـ. 6 أعشار ______ 66 أجزاء من المئات

الاسم ______________________ التاريخ ______________

1. يقول رايان إن 0.6 أقل من 0.60 لأنه يحتوي على أرقام أقل. وتقول جيسي أن 0.6 أكبر من 0.60. فأيهما محق؟ ولماذا؟ أستخدم نماذج المساحة أدناه لمساعدتك في شرح إجابتك.

0.6 ______ 0.60

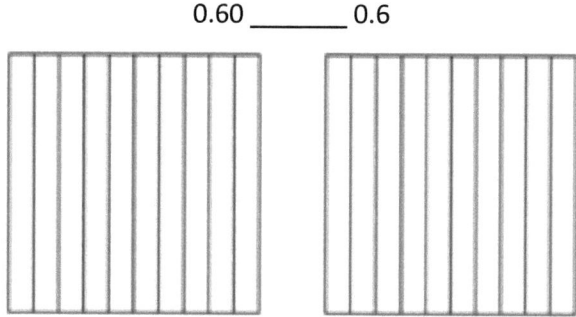

2. استخدم الرموز > أو < أو = للمقارنة.

a. 3.9 ______ 3.09

b. 2.4 ______ آحادان و4 أجزاء من المئات

c. 7.84 ______ 78 أعشار و4 أجزاء من المئات

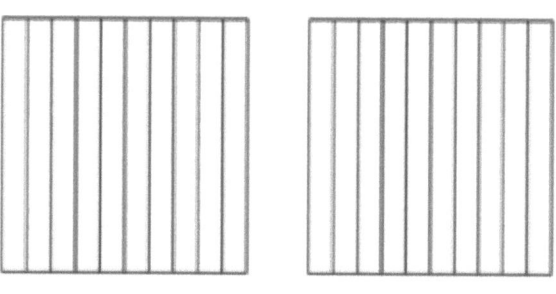

_____

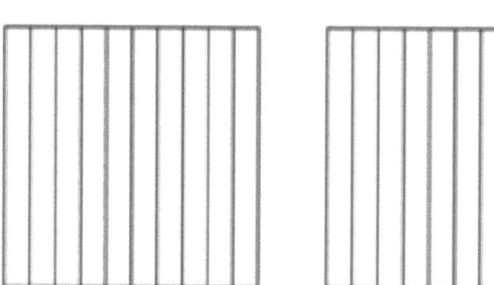   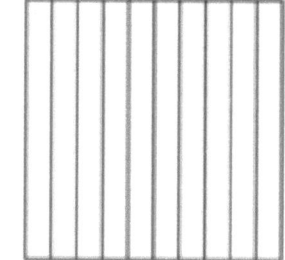   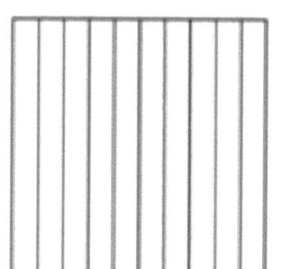

_____   _____

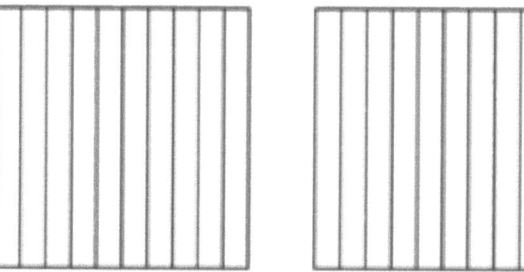   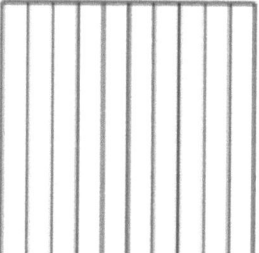   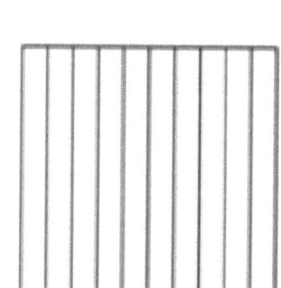

_____   _____

قارن باستخدام نماذج المساحة _____

أثناء الخياطة، قطعت كيكانزا 3 شرائط من القماش الملون: شريط أصفر بطول 2.8 قدم، وشريط برتقالي بطول 2.08 قدم، وشريط أحمر بطول 2.25 قدم.

وضعت الشريط الأقصر في درج ووضعت الشريطين الآخرين جنبًا إلى جنب على طاولة. ارسم مخططًا شريطيًا لمقارنة أطوال الشريطين الموضوعين على الطاولة. فأيهما أطول؟

اقرأ   ارسم   اكتب

الاسم _____ التاريخ _____

1. عين النقاط التالية على خط الأعداد.

a. $0.2, \frac{1}{10}, 0.33, \frac{12}{100}, 0.21, \frac{32}{100}$

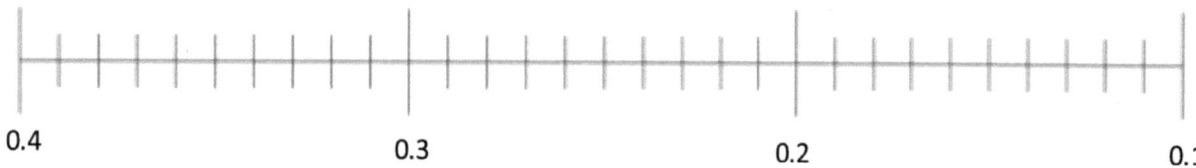

b. $3.62, 3.7, 3\frac{85}{100}, \frac{38}{10}, \frac{364}{100}$

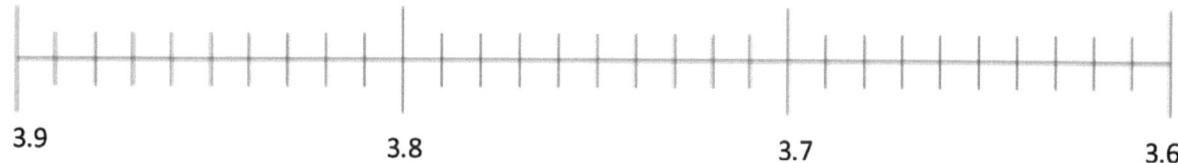

c. $6\frac{3}{10}, 6.31, \frac{628}{100}, \frac{62}{10}, 6.43, 6.40$

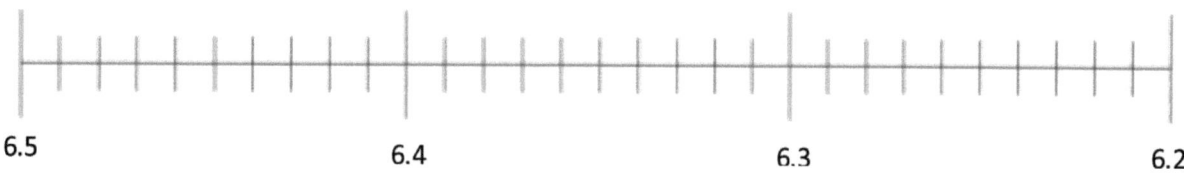

2. رتب الأعداد التالية بالترتيب من الأكبر إلى الأصغر باستخدام الشكل العشري. استخدم رمز < بين كل عدد.

a. $\frac{27}{10}$, 2.07, $\frac{27}{100}$, $2\frac{71}{100}$, $\frac{227}{100}$, 2.72

---

b. $12\frac{3}{10}$, 13.2, $\frac{134}{100}$, 13.02, $12\frac{20}{100}$

---

c. $7\frac{34}{100}$, $7\frac{4}{10}$, $7\frac{3}{10}$, $\frac{750}{100}$, 75, 7.2

---

3. في مسابقة الوثب الطويل، قفزت روندا 1.64 متر. قفزت ماري $1\frac{6}{10}$ أمتارًا. وقفزت كيري $\frac{94}{100}$ مترًا. وقفزت ميشيل 1.06 متر. فأيهم قفز أبعد قفزة؟

4. في ديسمبر، $2\frac{3}{10}$ سقط قدم من الثلوج. وفي يناسر، سقط 2.14 قدم من الثلوج. وفي فبراير، $2\frac{19}{100}$ سقط قدم من الثلوج، وفي مارس، $1\frac{1}{10}$ سقط قدم من الثلوج. خلال أي شهر تساقط الثلج أكثر من غيره؟ وخلال أي شهر تساقط الثلج أقل من غيره؟

الاسم ____________________ التاريخ ____________

1. عين النقاط التالية على خط الأعداد باستخدام الشكل العشري.

آحاد واحد وعُشر واحد، $\frac{13}{10}$ ، آحاد واحد و20 جزءًا من المئات، $\frac{129}{100}$ ، 1.11، $\frac{102}{100}$

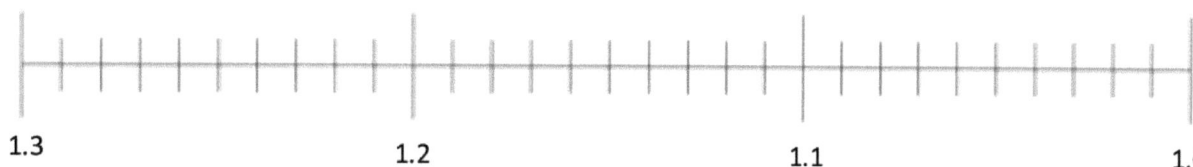

2. رتب الأعداد التالية بالترتيب من الأكبر إلى الأصغر باستخدام الشكل العشري. استخدم رمز < بين كل عدد.

آحاد و5 أعشار $5.6, \frac{605}{100}, 6.15, 6\frac{56}{100}, \frac{516}{100}, 6$

في يوم الاثنين، $1\frac{7}{8}$ سقطت بوصات من الأمطار. وفي يوم الثلاثاء، سقطت بوصة من $\frac{1}{4}$ الأمطار. فكم إجمالي الإمطار المتساقطة في كلا اليومين؟

اقرأ ارسم اكتب

الاسم ________________ التاريخ ________________

1. أكمل الجملة الرقمية بكتابة كل جزء باستخدام أجزاء المئات. اعرض باستخدام مخطط القيمة المكانية، كما هو موضح في الجزء (أ).

أ. عُشر واحد + 5 أجزاء من المئات = ______ أجزاء من المئات

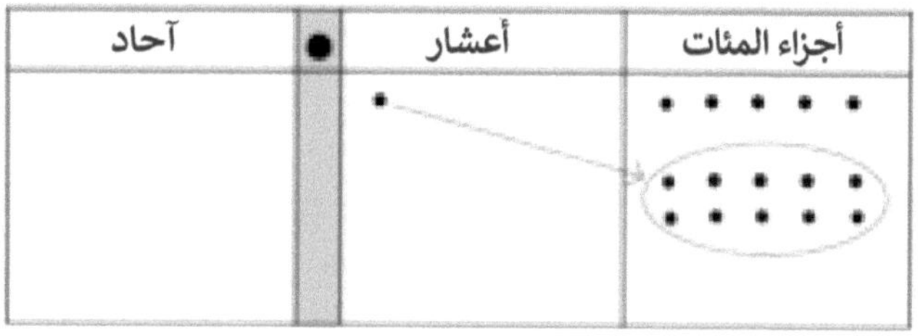

ب. عُشران + جزء واحد من المئات = ______ أجزاء من المئات

آحاد	•	أعشار	أجزاء المئات

ج. عُشر واحد + 12 أجزاء من المئات = ______ أجزاء من المئات

آحاد	•	أعشار	أجزاء المئات

2. حل عبر تحويل جميع الأعداد المجموع عليها إلى أجزاء المئات قبل الحل.

أ. عُشر واحد + 3 أجزاء من المئات ______ أجزاء من المئات + 3 أجزاء من المئات = ______ أجزاء من المئات

ب. 5 أعشار + 12 أجزاء من المئات ______ أجزاء من المئات + ______ أجزاء من المئات = ______ أجزاء من المئات

ج. 7 أعشار + 27 أجزاء من المئات ______ أجزاء من المئات + ______ أجزاء من المئات = ______ أجزاء من المئات

د. 37 أجزاء من المئات + 7 أعشار = ______ أجزاء من المئات + ______ أجزاء من المئات = ______ أجزاء من المئات

3. أوجد المجموع. حول الأعشار إلى أجزاء من المئات إذا لزم الأمر. اكتب إجابتك في صورة عدد عشري.

أ. $\frac{2}{10} + \frac{8}{100}$

ب. $\frac{13}{100} + \frac{4}{10}$

ج. $\frac{6}{10} + \frac{39}{100}$

د. $\frac{70}{100} + \frac{3}{10}$

4. حل. اكتب إجابتك في صورة عدد عشري.

أ. $\frac{9}{10} + \frac{42}{100}$

ب. $\frac{70}{100} + \frac{5}{10}$

ج. $\frac{68}{100} + \frac{8}{10}$

د. $\frac{7}{10} + \frac{87}{100}$

5. يحتوي الدورق أ على $\frac{63}{100}$ لتر من اليود. وملأ باقي الدورق بالماء حتى وصل لترًا واحدًا. ويحتوي الدورق ب على $\frac{4}{10}$ لتر من اليود. وملأ باقي الدورق بالماء حتى وصل لترًا واحدًا. إذا أفرغ كلا الدورقين في دورق كبير، فما كمية اليود الذي سيحتويه الدورق الكبير؟

الاسم _____ التاريخ _____

1. أكمل الجملة الرقمية بكتابة كل جزء باستخدام أجزاء المئات. استخدم مخطط القيمة للعرض.

أجزاء المئات	أعشار	•	آحاد

عُشر واحد + 9 أجزاء من المئات = _____ أجزاء من المئات

2. أوجد المجموع. اكتب إجابتك في صورة عدد عشري.

$$\frac{4}{10} + \frac{73}{100}$$

قصة الوحدات
الدرس 12 نموذج 6●4

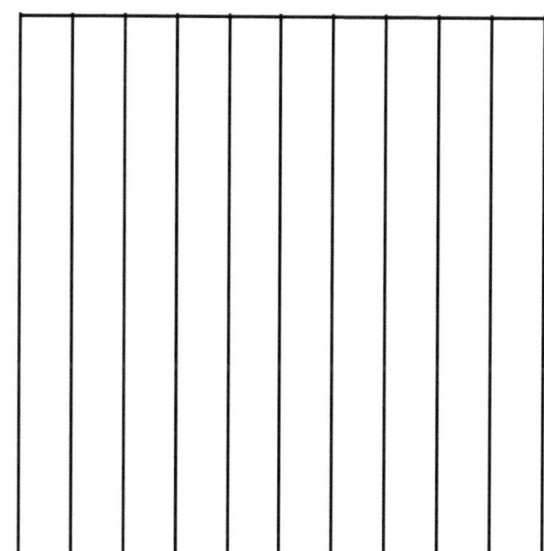 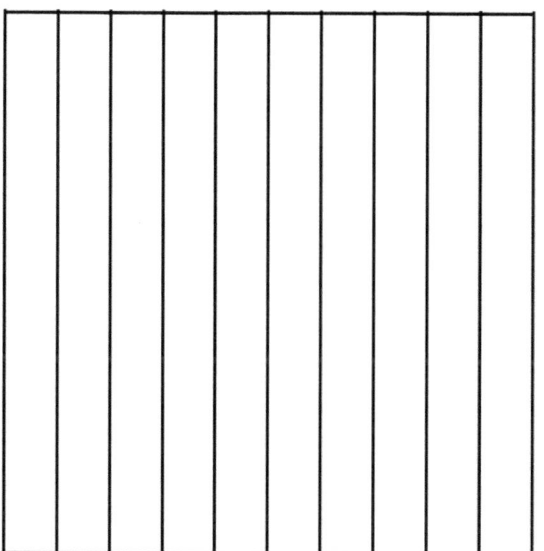

أجزاء المئات	أعشار	●	آحاد

نموذج المساحة ومخطط القيمة المكانية

الدرس 12: طبق فهمك لتكافئ الكسور لجمع الأعشار وأجزاء المئات.

الاسم _____ التاريخ _____

1. حل. حول الأعشار إلى أجزاء قبل إيجاد المجموع. أعد كتابة الجملة الرقمية بالكامل في شكل عشري. تم حل المسألتين 1(أ) و1(ب) جزئيًا للتوضيح.

ب. $2\frac{1}{10} + 5\frac{3}{100} = 2\frac{10}{100} + 5\frac{3}{100} = $ _____	أ. $2\frac{1}{10} + \frac{3}{100} = 2\frac{10}{100} + \frac{3}{100} = $ _____ _____ $= 0.03 + 2.1$
د. $3\frac{24}{100} + 8\frac{7}{10}$	ج. $3\frac{24}{100} + \frac{7}{10}$

2. حل. ثم أعد كتابة الجملة الرقمية بالكامل في شكل عشري.

ب. $9\frac{9}{10} + 2\frac{45}{100}$	أ. $6\frac{9}{10} + 1\frac{10}{100}$
د. $6\frac{37}{100} + 7\frac{7}{10}$	ج. $2\frac{4}{10} + 8\frac{90}{100}$

3. حل عبر إعادة كتابة التعبير الجبري في شكل كسري. بعد الحل، أعد كتابة الجملة الرقمية في شكل عشري.

أ. 5.3 + 6.4	ب. 2.98 + 6.62
ج. 0.94 + 2.1	د. 5.94 + 2.1
هـ. 4.92 + 5.7	و. 4.9 + 5.68
ز. 3.27 + 4.8	ح. 3.59 + 17.6

الاسم _____ التاريخ _____

حل عبر إعادة كتابة التعبير الجبري في شكل كسري. بعد الحل، أعد كتابة الجملة الرقمية في شكل عشري.

1. $0.95 + 7.3$

2. $5.9 + 8.29$

الاسم _____ التاريخ _____

1. يحتوي البرميل أ على 2.7 لتر من الماء. ويحتوي البرميل ب على 3.09 لتر من الماء. فكم يحتوي كلا البرميلين معًا؟

2. ركضت أليسا مسافة 15.8 كيلومتر في أسبوع وركضت 17.34 كيلومتر في الأسبوع التالي. فكم إجمالي المسافة التي ركضتها في الأسبوعين؟

3. باع بستان تفاح 140.5 كيلوجرام من التفاح في الصباح ويزيد ما باعه البستان من التفاح في فترة الظهيرة عما باعه في الصباح بمقدار 15.85 كيلوجرام. فكم إجمالي التفاح بالكيلوجرامات المباع في هذا اليوم؟

4. ركض فريقًا مكون من ثلاثة متسابقين سباق تتابع. وكان توقيت المتسابق الأخير هو الأسرع، وسجل 29.2 ثانية. وكان توقيت المتسابق الأوسط أقل بمقدار 1.89 ثانية من المتسابق الأخير. وكان توقيت المتسابق الأول أقصر بمقدار 0.9 عن المتسابق الأوسط. فكم إجمالي توقيت الفريق ككل؟

الاسم _____ التاريخ _____

ركضت إليز 6.43 كيلومتر يوم السبت وركضت 5.6 كيلومتر يوم الأحد. فكم إجمالي الكيلومترات التي ركضتها في يومي السبت والأحد؟

عد كاميرون، في نهاية اليوم، الأموال الموجودة بجيوبه. عد 7 بنسات ودايمتان وربعي دولار. اكتب المبلغ المالي، بالسنتات، الذي كان في جيوب كاميرون.

اقرأ ارسم اكتب

103 الدرس 15: اكتب المبالغ المالية المعطاة بأشكال مختلفة في صورة أرقام عشرية.

الاسم _____ التاريخ _____

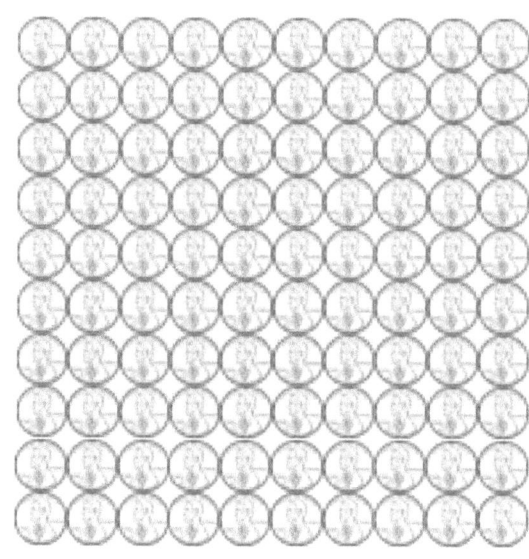

1. 100 بنس = ____ دولار   100 سنت = $\frac{\quad}{100}$ دولار

2. بنس واحد = ____ دولار   سنت واحد = $\frac{\quad}{100}$ دولار

3. 6 بنسات = ____ دولار   6 سنتات = $\frac{\quad}{100}$ دولار

4. 10 بنسات = ____ دولار   10 سنتات = $\frac{\quad}{100}$ دولار

5. 26 بنسًا = ____ دولار   26 سنتًا = $\frac{\quad}{100}$ دولار

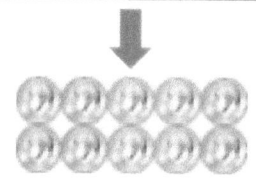

6. 10 دايمات = ____ دولار   100 سنت = $\frac{\quad}{10}$ دولار

7. دايمة واحدة = ____ دولار   10 سنتات = $\frac{\quad}{10}$ دولار

8. 3 دايمات = ____ دولار   30 سنتًا = $\frac{\quad}{10}$ دولار

9. 5 دايمات = ____ دولار   50 سنتًا = $\frac{\quad}{10}$ دولار

10. 6 دايمات = ____ دولار   60 سنتًا = $\frac{\quad}{10}$ دولار

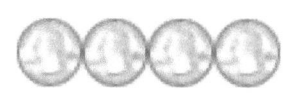

11. 4 أرباع دولار = ____ دولار   100 سنت = $\frac{\quad}{100}$ دولار

12. ربع دولار واحد = ____ دولار   25 سنتًا = $\frac{\quad}{100}$ دولار

13. ربعا دولار = ____ دولار   50 سنتًا = $\frac{\quad}{100}$ دولار

14. 3 أرباع دولار = ____ دولار   75 سنتًا = $\frac{\quad}{100}$ دولار

حل. اكتب إجمالي المبلغ المالي في شكل كسري وشكل عشري.

15. 3 دايمات و 8 بنسات

16. 8 دايمات و 23 بنسًا

17. 3 أرباع دولار و 3 دايمات و 5 بنسات

18. ما الكسر الذي تمثله 236 سنتًا من الدولار الواحد؟

حل. اكتب الإجابة في شكل عشري.

19. دولاران و 17 بنسًا + 4 دولارات وربعا دولار

20. 3 دولارات و 8 دايمات + دولار واحد وربعا دولار و 5 بنسات

21. 9 دولارات و 9 دايمات + 4 دولارات و 3 أرباع دولار و 16 بنسًا

الاسم _____ التاريخ _____

حل. اكتب إجمالي المبلغ المالي في شكل كسري وشكل عشري.

1. ربعا دولار و3 دايمات

2. ربع دولار و7 دايمات و23 بنسًا

حل. اكتب الإجابة في شكل عشري.

3. دولاران وربع دولار واحد و14 بنسًا + 3 دولارات وربعا دولار و3 دايمات

الاسم ______________________ التاريخ ______________

استخدم أسلوب اقرأ وارسم واكتب لإيجاد الحل. اكتب إجابتك في صورة عدد عشري.

1. يمتلك ميغيل عملة نقدية من فئة الدولار الواحد ودايمتان و7 بنسات. لدى جون دولاران و3 أرباع دولار و9 بنسات. فكم إجمالي المال الموجود مع الولدين؟

2. تحتاج سويلين إلى 7 دولارات و13 سنتًا لشراء كتاب. ووجدت في محفظتها، 3 دولارات ورقية و4 دايمات و14 بنسًا. فكم تحتاج سويلين على ما معها لشراء الكتاب؟

3. لدى فينيسيا 6 دايمات وبنسين. ولدى يواكيم دولار واحد و3 دايمات و5 بنسات. ولدى جيمي 5 دولارات و7 بنسات. ويريدان وضع أمواليهما معًا لشراء لعبة سعرها 8 دولارات. فهل لديهما ما يكفي من المال لشراء اللعبة؟ إن لم يكن لديهما ما يكفي، فكم يحتاجان من المال على ما معهما؟

4. سعر القلم 2.29 دولار. وسعر حاسبة 3 أضعاف سعر القلم. فكم سعر القلم والحاسبة معًا؟

5. لدى كريستا 7 دولارات و32 سنتًا. ولدى مالوري دولاران و4 سنتات. فكم يجب على كريستا إعطاءه لمالوري ليصبح كل منهما لديه نفس المبلغ من المال؟

الاسم _____ التاريخ _____

استخدم أسلوب اقرأ وارسم واكتب لإيجاد الحل. اكتب إجابتك في صورة عدد عشري.

قالت والدة ديفيد لديفيد أنه يمكنه الاحتفاظ بكل الأموال التي يجدها تحت وسائد الأريكة في منزلهم. ووجد ديفيد 6 أرباع دولار و4 دايمات و26 بنسًا. فكم إجمالي المال الذي وجده ديفيد ككل؟

الصف 4

الوحدة 7

الاسم _____ التاريخ _____

أ.

أرطال	أونصات
1	
2	
3	
4	
5	
6	
7	
8	
9	
10	

قاعدة تحويل الأرطال إلى أونصات هي _____

ب.

ياردات	قدم
1	
2	
3	
4	
5	
6	
7	
8	
9	
10	

قاعدة تحويل الياردات إلى أقدام هي _____.

ج.

قدم	بوصات
1	
2	
3	
4	
5	
6	
7	
8	
9	
10	

قاعد تحويل الأقدام إلى بوصات هي _____.

الاسم ______________________________ التاريخ ____________________

استخدم عملية اقرأ وارسم واكتب لحل المسائل من 1 إلى 3.

1. وضع إيفان مثقال يحتوي على رطلين على أحد كفتي ميزان.

فكم مثقالاً يحتوي على أونصة واحدة سيحتاج لوضعها على كفة الميزان الأخرى لجعل الكفتين متساويتين؟

2. وضع يوليوس مثال يحتوي على 3 أرطال على أحد كفتي الميزان. ووضع أبيل 35 مثقالاً يحتوي على أونصة واحدة على كفة الميزان الأخرى. فكم مثقالاً إضافيًا يحتوي على أونصة واحدة يحتاج أبيل إليها لموازنة الميزان؟

3. يزن طفل السيدة/ أبتون 5 أرطال و4 أونصات. فكم إجمالي وزن الطفل بالأونصات؟

4. أكمل جداول التحويل التالية واكتب القاعدة تحت كل جدول.

أ.

أرطال	أونصات
1	
3	
7	
10	
17	

قاعدة تحويل الأرطال إلى أونصات هي ______________________________

ب.

قدم	بوصات
1	
2	
5	
10	
15	

ج.

ياردات	قدم
1	
2	
4	
10	
14	

قاعدة تحويل الأقدام إلى بوصات هي _____ . قاعدة تحويل الياردات إلى أقدام هي _____ .

5. حل.

أ. 3 أقدام وبوصة واحدة = _____ بوصات

ب. 11 أقدام و10 بوصات = _____ بوصات

ج. 5 ياردات وقدم واحد = _____ أقدام

د. 12 ياردات وقدمان = _____ أقدام

هـ. 27 أرطال و10 أونصات = _____ أونصات

و. 18 ياردات و9 أقدام = _____ أقدام

ز. 14 أرطال و5 أونصات = _____ أونصات

ح. 5 ياردات وقدمان = _____ بوصات

6. ضع كلمة صحيحة أو خاطئة على العبارات التالية. إن كانت العبارة خاطئة، فغير الجانب الأيمن من المقارنة لجعلها صحيحة.

أ. كيلوجرامان > 2600 جرام   _____

ب. 12 قدمًا > 140 بوصة   _____

ج. 10 كيلوجرامات = 10000 متر   _____

4•7 الدرس 1 تذكرة الخروج
قصة الوحدات

الاسم ______________________________ التاريخ ____________

1. حل.

أ. 8 أقدام = ______ بوصات

ب. 4 ياردات وقدمان = ______ أقدام

ج. 14 رطلاً و7 أونصات = ______ أونصات

2. ضع كلمة *صحيحة أو خاطئة على العبارات التالية*. إن كانت العبارة خاطئة، فغير الجانب الأيمن من المقارنة لجعلها صحيحة.

أ. 3 أرطال > 60 أونصة

ب. 12 ياردة < 40 قدمًا

الاسم _____ التاريخ _____

أ.

جالونات	أرباع جالونات
1	
2	
3	
4	
5	
6	
7	
8	
9	
10	

قاعدة تحويل الجالونات إلى أرباع جالونات هي _____.

ب.

أرباع جالونات	أثمان جالونات
1	
2	
3	
4	
5	
6	
7	
8	
9	
10	

قاعدة تحويل أرباع جالونات إلى أثمان جالونات هي _____.

ج.

أثمان جالونات	أكواب
1	
2	
3	
4	
5	
6	
7	
8	
9	
10	

قاعدة تحويل أثمان الجالونات إلى أكواب هي _____

د. جالون واحد = _____ أثمان جالونات

ربع جالون = _____ أكواب

جالون واحد = _____ أكواب

الاسم ______________________ التاريخ ______________

استخدم عملية اقرأ وارسم واكتب لحل المسائل من 1 إلى 3.

1. لدى سوزي 3 ليترات من الحليب. فكم لديها بأثمان الجالونات؟

2. لدى كريستين 3 جالونات وربع جالون من الماء. تحتاج آلانا نفس كمية الماء ولكنها لديها 8 أرباع جالونات فقط. فكم ربع جالون إضافي من الماء تحتاجه آلانا؟

3. اشترى ليونارد 4 لترات من عصير البرتقال. فكم ملليلترًا من العصير لديه؟

4. أكمل جداول التحويل التالية واكتب القاعدة تحت كل جدول.

أ.

جالونات	أرباع جالونات
1	
3	
5	
10	
13	

قاعدة تحويل الجالونات إلى أرباع جالونات هي

______________________.

ب.

أرباع جالونات	أثمان جالونات
1	
2	
6	
10	
16	

قاعدة تحويل أرباع جالونات إلى أثمان جالونات هي

______________________.

5. حل.

أ. 8 جالونات وربعا جالون = ________ أرباع جالونات

ب. 15 جالونًا وربعا جالون = ________ أرباع جالونات

ج. 8 أرباع جالونات وثُمنا جالون = ________ أثمان جالونات

د. 12 ربع جالون و3 أثمان جالون = ________ أكواب

هـ. 26 جالونًا و3 أثمان جالونات = ________ أثمان جالونات

و. 32 جالونًا وربعا جالون = ________ أكواب

6. ضع كلمة صحيحة أو خاطئة على العبارات التالية. إن كانت العبارة خاطئة، فصححها.

أ. جالون واحد > 4 أرباع جالونات ____________________

ب. 5 لترات = 5000 ملليلتر ____________________

ج. 15 ثُمن جالون < جالون واحد وكوب واحد ____________________

7. لدى راسل 5 لترات من دواء معين. إذا استخدمت ملليلترين لإعداد جرعة واحدة، فكم عدد الجرعات التي يمكنه إعدادها؟

8. تشرب عائلة مور شهريًا 16 جالونًا من الحليب، بينما تشرب عائلة سيلير 44 لترًا من الحليب. فأي العائلتين تشرب حليبًا أكثر شهريًا؟

9. يُقدم متجر عصير الليمون الخاص بكيث عصير الليمون في زجاجات بسعة كوب واحد. إن كان لديها 9 جالونات من عصير الليمون، فكم كوبًا يمكنها بيعه؟

الاسم ____________________ التاريخ ____________

1. أكمل الجدول.

أرباع جالونات	أكواب
1	
2	
4	

2. طبيب بوني نصحها بأن تشرب كوبين من الحليب يوميًا. إن اشترت 3 أرباع جالونات من الحليب، فهل سيكون لديها حليبًا يكفيها لأسبوع واحد؟ اشرح كيف عرفت.

الاسم _____ التاريخ _____

أ.

دقائق	ثوانٍ
1	
2	
3	
4	
5	
6	
7	
8	
9	
10	

قاعدة تحويل الدقائق إلى ثواني هي _____.

ب.

ساعات	دقائق
1	
2	
3	
4	
5	
6	
7	
8	
9	
10	

قاعدة تحويل الساعات إلى دقائق هي _____.

ج.

أيام	ساعات
1	
2	
3	
4	
5	
6	
7	
8	
9	
10	

قاعدة تحويل الأيام إلى ساعات هي _____.

الاسم ______________________ التاريخ ______________

استخدم عملية اقرأ وارسم واكتب لحل المسائلتين 1 و2.

1. تحتاج كورتني إلى مغادرة المنزل بحلول الساعة 8:00 صباحًا. إن استيقظت في تمام 6:00 صباحًا، فكم لديها من الوقت بالدقائق لتكون مستعدة للمغادرة؟ استخدم خط الأعداد لتوضيح إجابتك.

2. هدفت جوليانا إنهاء سباق ركض في أقل من 6 ساعات. فكم كان هدفها بالدقائق؟

3. أكمل جداول التحويل التالية واكتب القاعدة تحت كل جدول.

أ.

ساعات	دقائق
1	
3	
6	
10	
15	

قاعدة تحويل الساعات إلى دقائق هي قاعدة تحويل الأيام إلى ساعات هي

______________________.

ب.

أيام	ساعات
1	
2	
5	
7	
10	

قاعدة تحويل الدقائق إلى ثواني هي

______________________.

4. حل.

أ. 9 ساعات و30 دقيقة = _____ دقائق

ب. 7 دقائق و45 ثانية = _____ ثانية

ج. 9 أيام و20 ساعة = _____ ساعة

د. 22 دقيقة و27 ثانية = _____ ثانية

هـ. 13 يومًا و19 ساعة = _____ ساعة

و. 23 ساعة و5 دقائق = _____ دقيقة

5. اشرح كيف حللت المسألة 4(و).

6. كم عدد الثواني في 14 دقيقة و43 ثانية؟

7. فكم عدد الساعات في 4 أسابيع و3 أيام؟

الاسم _____ التاريخ _____

رواد فضاء رحلة أبولو 17 أكملوا 3 عمليات سير في الفضاء أثناء وجودهم على سطح القمر لمدة إجمالية قدرها 22 ساعة و4 دقائق. فكم عدد الدقائق التي سارها رواد الفضاء؟

الاسم _____ التاريخ _____

استخدم عملية اقرأ وارسم واكتب لحل المسائل التالية.

1. يُسمح لبيث بساعتين من مشاهدة التلفاز أسبوعيًا. ويُسمح لشقيقتها بضعف ما سُمح لها. فكم عدد الدقائق التي يمكن لشقيقة بيث مشاهدة التلفاز فيها؟

2. يزن كلاي 9 أضعاف وزن شقيقته الصغرى. يزن كلاي 63 رطلاً. فكم وزن شقيقتها الصغرى بالأونصات؟

3. لدى هيلين 4 ياردات من الحبال. ولدى دانيال 4 أضعاف حبل هيلين. فكم قدمًا إضافية من الحبال يحتاجها دانيال ليساوي طول حبل هيلين؟

4. تستخدم غسالة الأطباق 11 لترًا من الماء لكل دورة. وتستخدم الغسالة 5 أضعاف كمية المياه التي تستخدمها غسالة الأطباق لكل دورة. فكم إجمالي ملليلترات الماء التي تستخدمها كلا الغسالتين في دورة واحدة؟

5. اشترت جويس رطلين من التفاح. واشترت أرطالاً من البطاطا تساوي 3 أضعاف ما اشترته من التفاح. وكانت كمية البطيخ التي اشتريتها أخف بمقدار 10 أونصات من الوزن الإجمالي للبطاطا. فكم وزن البطيخ بالأونصات؟

| 4●7 | الدرس 4 تذكرة الخروج | | قصة الوحدات |

الاسم _____ التاريخ _____

استخدم عملية اقرأ وارسم واكتب لحل المسألة التالية.

لدى براين ثمرة بطيخ تزن 3 أرطال. وقطعها إلى ست قطع متساوية. فكم وزن كل قطعة بطيخ بالأونصات؟

الاسم _____ التاريخ _____

1. أ. أكمل بيانات المخطط الشريطي أدناه. حل لإيجاد المجهول.

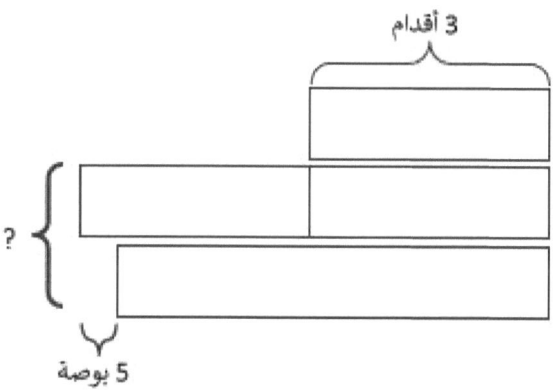

ب. اكتب مسألة خاصة بك يمكن حلها باستخدام المخطط أدناه.

2. أنشئ مسألة خاصة بك باستخدام المخطط أدناه، وحلها لإيجاد المجهول.

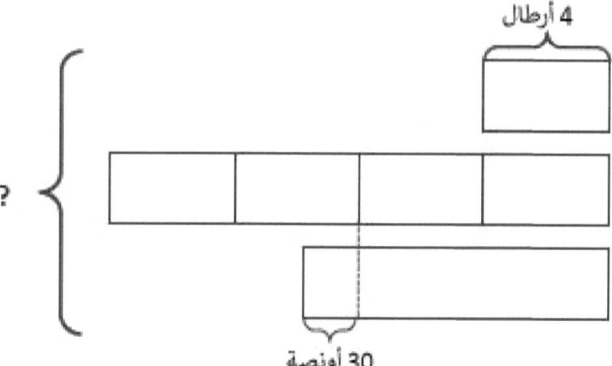

الاسم _____ التاريخ _____

ركضت كيتلين 1680 قدمًا يوم الاثنين وركضت 2340 قدمًا يوم الثلاثاء. فكم ركضت بالياردات في كلا اليومين؟

زميل الصف الدراسي:		رقم المسألة:	
الاستراتيجيات التي استخدمها زميلي بالصف الدراسي:			
الأشياء التي فعلها زميلي بالصف الدراسي بشكل صحيح:			
اقتراحات للتحسين:			
التغييرات التي قد أجريها على عملي بناءً على عمل زميلي بالصف الدراسي:			

زميل الصف الدراسي:		رقم المسألة:	
الاستراتيجيات التي استخدمها زميلي بالصف الدراسي:			
الأشياء التي فعلها زميلي بالصف الدراسي بشكل صحيح:			
اقتراحات للتحسين:			
التغييرات التي قد أجريها على عملي بناءً على عمل زميلي بالصف الدراسي:			

نموذج مشاركة الأقران ونقدهم

الاسم _____ التاريخ _____

1. حدد المجاميع والفروق التالية. اشرح إجابتك.

أ. 3 أرباع جالونات + ربع جالون واحد = _____ جالون

ب. جالونات وربع جالون واحد + 3 أرباع جالونات = _____ جالون

ج. جالون واحد − ربع جالون = _____ ربع جالون

د. 5 جالونات − ربع جالون = _____ جالون _____ ربع جالون

هـ. كوبان + كوبان = _____ ربع جالون

و. ربع جالون واحد وثمن جالون واحد + 3 أثمان جالونات = _____ ربع جالون

ز. ربعا جالون − 3 أثمان جالونات = _____ ثمن جالون

ح. 5 أرباع جالونات − 3 أكواب = _____ ربع جالون _____ كوب

2. أوجد المجاميع والفروق التالية. اشرح إجابتك.

أ. 6 جالونات و3 أرباع جالونات + 3 أرباع جالونات = _____ جالون _____ ربع جالون

ب. 10 جالونات و3 أرباع جالونات + 3 جالونات و3 أرباع جالونات = _____ جالون _____ ربع جالون

ج. 9 جالونات وثمن جالون واحد − ثمنا جالون = _____ جالون _____ ثمن جالون

د. 7 جالونات وثمن جالون − جالونات و7 أثمان جالونات = _____ جالون _____ ثمن جالون

هـ. 16 ربع جالون وكوبان + 4 أكواب = _____ ربع جالون _____ كوب

و. 6 جالونات و5 أثمان جالونات + 3 جالونات و3 أثمان جالونات = _____ جالون _____ ثمن جالون

3. سعة الإبريق 3 لترات. ويحتوي الآن على ربع جالون واحد و3 أكواب من السائل. فما مقدار السائل الإضافي الذي يمكن للإبريق احتوائه؟

4. تتبع دوروثي الوصفة الموضوعة على الطاولة لإعداد عصير الليمون الكرزي الخاص بجدتها.

أ. فما كمية عصير الليمون التي أعدتها الوصفة؟

عصير ليمون كرزي	
المكونات	**الكمية**
عصير ليمون	5 أثمان جالونات
محلول سكر	كوبان
ماء	جالون واحد وربع جالون
عصير كرز	3 أرباع جالون

ب. وكم عدد أكواب الماء التي يمكن أن تضيفها دوروثي إلى الوصفة لإعداد عدد محدد من جالونات عصير الليمون؟

الاسم _____ التاريخ _____

1. أوجد المجاميع والفروق التالية. اشرح إجابتك.

    أ. 7 جالونات وربع جالون + 3 جالونات و 3 أرباع جالونات = _____ جالون _____ ربع جالون

    ب. 9 جالونات وربع جالون − 5 جالونات و 3 أرباع جالونات = _____ جالون _____ ربع جالون

2. سكب جيسون جالونًا واحدًا وربع جالون من الماء في دلو فارغ سعته جالونين. فما كمية الماء الذي يمكن إضافته للوصول إلى سعة الدلو البالغة جالونين؟

| 4•7 | الدرس 7 مسألة تطبيقية | | قصة الوحدات |

تُعد سامانثا مشرب البانش لنزهة خاصة بصف دراسي. يوجد 26 طالبًا في صفها الدراسي. تستخدم سامانثا جالونًا واحدًا وربعي جالون من عصير البرتقال، و3 أرباع جالون من عصير الليمون، وجالونًا واحدًا و3 أرباع جالون من المياه الفوارة. فما كمية مشروب البانش التي أعدته؟ وهل سيكون كافيًا لكي يحصل كل طالب على كوب واحد من مشروب البانش؟

اقرأ   ارسم   اكتب

الاسم ________________ التاريخ ________________

1. حدد المجاميع والفروق التالية. اشرح إجابتك.

أ. قدم واحدة + قدمان = _______ ياردة

ب. 3 ياردات وقدم واحدة + قدمان = _______ ياردة

ج. ياردة واحدة – قدم واحدة _______ قدم

د. 8 ياردات – قدم واحدة _______ ياردة _______ قدم

هـ. 3 بوصات + 9 بوصات = _______ قدم

و. 6 بوصات + 9 بوصات = _______ قدم _______ بوصة

ز. قدم واحدة – 8 بوصات _______ بوصة

ح. 5 أقدام – 8 بوصات _______ قدم _______ بوصة

2. أوجد المجاميع والفروق التالية. اشرح إجابتك.

أ. 5 أقدام وقدمان + قدمان = _____ ياردة _____ قدم

ب. 7 ياردات وقدمان + ياردتان وقدمان = _____ يادرة _____ قدم

ج. 4 ياردات وقدم واحدة – قدمان _____ ياردة _____ قدم

د. 6 ياردات وقدم واحدة – ياردتان وقدمان _____ ياردة _____ قدم

هـ. 6 أقدام و9 بوصات + 4 بوصات = _____ قدم _____ بوصة

و. 4 أقدام و4 بوصات + 3 أقدام و11 بوصة = _____ قدم _____ بوصة

ز. 34 قدمًا و4 بوصات – 8 بوصات _____ قدم _____ بوصة

ح. 7 أقدام وبوصة واحدة – 5 أقدام و10 بوصات = _____ قدم _____ بوصة

3. يبلغ طول ماثيو 6 أقدام وبوصتين. يبلغ طول ابنة عمه الصغيرة إيما 3 أقدام و6 بوصات. فكم يزيد طول ماثيو عن طول إيما؟

4. في صف التربية الرياضية، تسلق جاريد حبلاً وبلغ ارتفاعه 10 أقدام و4 بوصات. ثم تابع التسلق حوالي 3 أقدام و9 بوصات إضافية. فكم إجمالي الارتفاع الذي تسلقه جاريد؟

5. رباعي أضلاع محيطه 18 قدمًا وبوصتين. مجموع ثلاث أضلاع يساوي 12 قدمًا و4 بوصات.

   أ. فما طول الضلع الرابع؟

   ب. مثلث متساوي الأضلاع طول أحد أضلاعه مساوٍ للضلع الرابع في رباعي الأضلاع. فما محيط المثلث؟

الدرس 7 تذكرة الخروج 4•7

الاسم ______________________ التاريخ ______________

حدد المجاميع والفروق التالية. اشرح إجابتك.

1. 4 ياردة وقدم واحدة + قدمان ________ ياردة

2. 6 ياردات – قدم واحدة = ________ ياردة ________ قدم

3. 4 ياردات وقدم واحدة + 3 ياردات وقدمان = ________ ياردة

4. 8 ياردات وقدم واحدة – 3 ياردات وقدمان = ________ ياردة ________ قدم

تشير اللافتة الموجودة بجانب لعبة الأفعونية إلى أنه يجب أن يكون طول الشخص 54 بوصة ليسمح له بالركوب. وعند آخر موعد للطبيب، كان طول هيفر 4 أقدام و4 بوصات. وزاد طوله 3 بوصات من حينها.

أ. فهل هيفر طويل بما يكفي لركوب الأفعونية؟ فكم يزيد طوله أو ينقص عن الحد الأدنى للطول المطلوب لركوب الأفعونية؟

ب. يبلغ طول والد هيفر 6 أقدام و3 بوصات. فكم يزيد طول والده عن الحد الأدنى للطول المطلوب لركوب الأفعونية؟

اقرأ ارسم اكتب

الاسم ____________________ التاريخ ____________

1. حدد المجاميع والفروق التالية. اشرح إجابتك.

أ. 7 أونصات + 9 أونصات = ____ رطل

ب. رطل واحد و5 أونصات + 11 أونصة = ____ رطل

ج. رطل واحد – 13 أونصة ____ أونصة

د. 12 رطلاً – 4 أونصات ____ رطل ____ أونصة

هـ. 3 أرطال و9 أونصات + 9 أونصات = ____ رطل ____ أونصة

و. 30 رطلاً و9 أونصات + 9 أرطال و9 أونصات ____ رطل ____ أونصة

ز. 25 رطلاً وأونصتان – 14 أونصة = ____ رطل ____ أونصة

ح. 125 رطلاً وأونصتان – 12 رطلاً و3 أونصات = ____ رطل ____ أونصة

2. يبلغ الوزن الإجمالي لحقيبتي ظهر سارة وأماندا بالكامل 27 رطلاً. تزن حقيبة ظهر سارة 15 رطلاً و9 أونصات. فكم تزن حقيبة ظهر أماندا؟

EUREKA MATH

3. يوجد في علبة لوازم إيما قلم رصاص يزن 3 أونصات. ويزيد وزن مقصها 3 أونصات عن وزن القلم الرصاص، وتزين زجاجة صمغ ثلاثة أضعاف وزن المقص. فكم وزن زجاجة الصمغ بالأرطال والأونصات.

4. استخدم المعلومات الموجودة في الرسم البياني حول اللوازم المدرسية الخاصة بجودي للإجابة على الأسئلة التالية:

أ. في أيام الاثنين، تحزم جودي حاسبها المحمول و علبة لوازمها المدرسية فقط في حقيبة ظهرها. فكم وزن حقيبة ظهرها وهي معبأة بالكامل؟

كتاب مدرسي 3 أرطال و8 أونصات	علبة اللوازم المدرسية رطل واحد	غلاف رطلان و5 أونصات
حاسب محمول 5 أرطال و12 أونصة	دفتر ملاحظات 11 أونصة	حقيبة ظهر (فارغة) رطلان و14 أونصة

ب. وفي أيام الثلاثاء، تجلب جودي حاسبها المحمول وعلبة لوازمها المدرسية وكتابيها المدرسيين ودفتري ملاحظاتها في حقيبة ظهرها. وفي أيام الجمع، تحزم جودي غلافها وعلبة لوازمها المدرسية فقط. فكم يقل وزن حقيبة ظهر جودي في يوم الجمعة عن يوم الثلاثاء؟

الاسم _____ التاريخ _____

حدد المجاميع والفروق التالية. اشرح إجابتك.

1. 4 أرطال و6 أونصات + 10 أونصات = _____ رطل _____ أونصة

2. 12 رطلاً و4 أونصات + 3 أرطال و14 أونصة = _____ رطل _____ أونصة

3. 5 أرطال و4 أونصات − 12 أونصة = _____ رطل _____ أونصة

4. 20 رطلاً و5 أونصات − 13 رطلاً و7 أونصات = _____ رطل _____ أونصة

4•7 الدرس 9 مجموعة مسائل

الاسم ______________________________ التاريخ ______________

1. حدد المجاميع والفروق التالية. اشرح إجابتك.

أ. 23 دقيقة + 37 دقيقة = ________ ساعة

ب. ساعة واحدة و11 دقيقة + 49 دقيقة = ________ ساعة

ج. ساعة واحدة – 12 دقيقة = ________ دقيقة

د. 4 ساعات – 12 دقيقة = ________ ساعة ________ دقيقة

هـ. 22 ثانية + 38 ثانية = ________ دقيقة

و. 3 دقائق – 45 ثانية = ________ دقيقة ________ ثانية

2. أوجد المجاميع والفروق التالية. اشرح إجابتك.

أ. 3 ساعات و45 دقيقة + 25 دقيقة = __ ساعة __ دقيقة

ب. ساعتان و45 دقيقة + 6 ساعات و25 دقيقة = __ ساعة __ دقيقة

ج. 3 ساعات و7 دقائق – 42 دقيقة __ ساعة __ دقيقة

د. 5 ساعات و7 دقائق – ساعتان و13 دقيقة __ ساعة __ دقيقة

هـ. 5 دقائق و40 ثانية + 27 ثانية = __ دقيقة __ ثانية

و. 22 دقيقة و48 ثانية – 5 دقائق و58 ثانية __ دقيقة __ ثانية

3. في مسابقة لرص الأكواب فوق بعضها، كان توقيت صاحب المركز الأول دقيقة واحدة و52 ثانية. وكان ذلك أسرع من توقيت صاحب المركز الثاني بحوالي 31 ثانية. فكم كان توقيت صاحب المركز الثاني؟

4. لدى جاكلين وراشيل 5 ساعات لمشاهدة ثلاثة أفلام تستغرق ساعة واحدة و22 دقيقة وساعتين و12 دقيقة وساعة واحدة و57 دقيقة على التوالي.

   أ. فهل لدى الفتيات وقتًا كافيًا لمشاهدة الثلاث أفلام؟ أجب بنعم أم لا مع بيان السبب.

   ب. إذا قررتا جاكلين وراشيل مشاهدة أطول فيلمين فقط وأخذ استراحة لمدة 30 دقيقة بينهما، فكم سيتبقى لهما بعد ذلك من الساعات الخمس؟

الاسم _____ التاريخ _____

أوجد المجاميع والفروق التالية. اشرح إجابتك.

1. ساعتان و25 دقيقة + 25 دقيقة = _____ ساعة _____ دقيقة

2. 4 ساعات و45 دقيقة + ساعتان و35 دقيقة = _____ ساعة _____ دقيقة

3. 11 ساعة و6 دقائق − 32 دقيقة = _____ ساعة _____ دقيقة

4. 8 ساعات و9 دقائق − 6 ساعات و42 دقيقة = _____ ساعة _____ دقيقة

الاسم _____ التاريخ _____

استخدم عملية اقرأ وارسم واكتب لحل المسائل التالية.

1. كان الوقت الذي قضته بولا في السباحة في سباق "الترياتلون الحديدي" ساعة واحدة و25 دقيقة. وكان توقيت سباقها بالدراجة أطول بحوالي 5 ساعات من توقيت سباحتها. ولقد ركضت لمدة 4 ساعات و50 دقيقة. فكم استغرقت من الوقت لإكمال أجزاء السباق الثلاثة؟

2. وضع نولان 7 جالونات و3 لترات من الغاز في سيارته يوم الاثنين وضعف ذلك يوم السبت. فكم كان إجمالي كمية الغاز الموضوعة في السيارة في كلا اليومين؟

3. تزن ثمرة القرع الأولى 7 أرطال و12 أونصة. وتزن ثمرة القرع الثانية 10 أرطال و 4 أونصات. وتزن ثمرة القرع الثالثة رطلين و 9 أونصات أكثر من ثمرة القرع الثانية. فما إجمالي وزن ثمرات القرع الثلاث؟

4. يبلغ طول السيد/ لين 6 أقدام و4 بوصات. ويقل طول ابنته ماري عن طوله بحوالي 3 أقدام و8 بوصات. ويزيد طول ابنه عن ابنته بحوالي 9 بوصات. فكم يزيد طول السيد/ لين عن ابنه بالبوصات؟

الاسم _____ التاريخ _____

استخدم عملية اقرأ وارسم واكتب لحل المسألة التالية.

أمضت هادلي ساعة واحدة و20 دقيقة لإكمال واجباتها المنزلية في مادة الرياضيات، و45 دقيقة لإكمال واجباتها المنزلية في مادة الدراسات الاجتماعية، و30 دقيقة في دراسة كلماتها الإملائية. فكم إجمالي الوقت التي أمضته هادلي في الواجبات المنزلية والدراسة؟

الاسم ______________________ التاريخ ______________

استخدم عملية اقرأ وارسم واكتب لحل المسائل التالية.

1. ركضت لورين في سباق ركض وانهته بعد ساعة واحدة و15 دقيقة من توقيت إيمي، التي انهته في ساعتين و20 دقيقة. وأنهته كاسي في 35 دقيقة بعد توقيت لورين. فكم كان توقيت إنهاء كاسي للسباق؟

2. لدى الشيف جو 8 أرطال و4 أونصات من اللحم المفروم في المجمد الخاص به. $\frac{1}{3}$ وهذه هي الكمية المطلوبة لإعداد عدد البرغر الذي خطط له لحفلة ما. إذا استخدم 4 أونصات من اللحم لكل برغر، فكم عدد البرغر الذي خطط لإعداده؟

3. قرأت سارة لمدة ساعة واحدة و17 دقيقة يوميًا لمدة 6 أيام. إذا استغرقت 3 دقائق لقراءة كل صفحة، فكم صفحة قرأتها في 6 أيام؟

4. تُجري الصفوف 3 و4 و5 يومهم الميداني السنوي سويًا. يُمنح كل صف دراسي 16 جالونًا من الماء. إذا كان العدد الإجمالي 350 طالبًا، فهل سيكون هناك ما يكفي من الماء لكل طالب ليحصل على كوبين من الماء؟

الاسم _____ التاريخ _____

استخدم عملية اقرأ وارسم واكتب لحل المسألة التالية.

قضت جودي في التمرين ساعة واحدة و15 دقيقة أقل مما قضته ساندي الأسبوع الماضي. وقضت ساندي 50 دقيقة في صالة الألعاب الرياضية أقل مما قضته ماري التي قضت 3 ساعات. فكم الوقت الذي قضته جودي في التمرين؟

بلاطة مستطيلة عرضها قدم واحدة و6 بوصات وطولها قدمين. فما محيط البلاطة؟

اقرأ   ارسم   اكتب

الاسم ________________________ التاريخ ______________

1. ارسم مخطط شريطي لتوضيح كيفية تقسيم ياردة واحدة إلى 3 أجزاء متساوية.

أ. $\frac{1}{3}$ ياردة = __________ قدم

ب. $\frac{2}{3}$ ياردة = __________ قدم

ج. $\frac{3}{3}$ ياردة = __________ قدم

2. ارسم مخططًا شريطيًا لتوضيح كيف تساوي $2\frac{2}{3}$ الياردات 8 أقدام.

3. ارسم مخططًا شريطيًا لتوضيح كيف يساوي $\frac{3}{4}$ الجالون 3 أرباع جالون.

4. ارسم مخططًا شريطيًا لتوضيح كيف تساوي $3\frac{3}{4}$ الجالونات 15 أرباع جالونات.

5. حل المسائل باستخدام أفضل أداة تناسبك.

أ. $\frac{1}{12}$ قدم = __________ بوصة

ب. $\frac{\ }{12}$ قدم = $\frac{1}{2}$ قدم = __________ بوصة

ج. $\frac{\ }{12}$ قدم = $\frac{1}{4}$ قدم = __________ بوصة

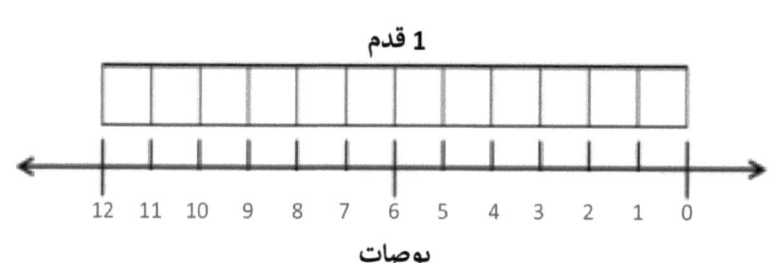

د. $\frac{}{12}$ قدم = $\frac{3}{4}$ قدم = ________ بوصة

هـ. $\frac{}{12}$ قدم = $\frac{1}{3}$ قدم = ________ بوصة

و. $\frac{}{12}$ قدم = $\frac{2}{3}$ قدم = ________ بوصة

6. حل.

أ. $1\frac{1}{3}$ ياردة = ________ قدم	ب. $4\frac{2}{3}$ ياردة = ________ قدم
ج. $2\frac{1}{2}$ جالون = ________ ربع جالون	د. $7\frac{3}{4}$ جالون = ________ ربع جالون
هـ. $1\frac{1}{2}$ قدم = ________ بوصة	و. $6\frac{1}{2}$ قدم = ________ بوصة
g. $1\frac{1}{4}$ قدم = ________ بوصة	ح. $6\frac{1}{4}$ قدم = ________ بوصة

الاسم ______________________________ التاريخ ______________

1. حل المسائل باستخدام أفضل أداة تناسبك.

أ. $\frac{\quad}{12}$ قدم = $\frac{1}{2}$ قدم = __________ بوصة

ب. $\frac{\quad}{12}$ قدم = $\frac{3}{4}$ قدم = __________ بوصة

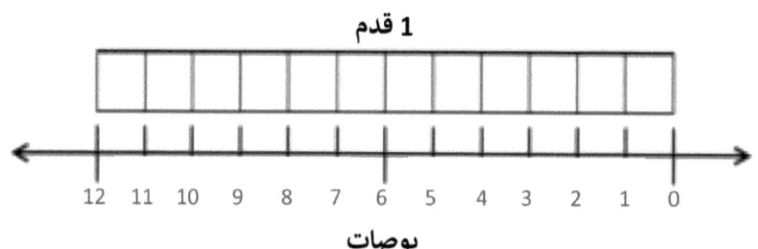

2. حل.

أ. $1\frac{1}{3}$ ياردة = __________ قدم

ب. $5\frac{3}{4}$ جالون = __________ ربع جالون

4•7 الدرس 13 مسألة تطبيقية

استخدم ميكا جالونًا من $3\frac{3}{4}$ الطلاء لطلاء حمامه. واستخدم 3 أضعاف ما استخدمه في طلاء حمامه لطلاء غرفته. فكم ربع جالون من الطلاء استخدمها في طلاء غرفته؟

_____

_____

_____

_____

اقرأ   ارسم   اكتب

الاسم ______________________ التاريخ ______________

1. حل.

أ. $\frac{1}{16}$ رطل = ______ أونصة

ب. $\frac{}{16}$ رطل = $\frac{1}{2}$ رطل = ______ أونصة

ج. $\frac{}{16}$ رطل = $\frac{1}{4}$ رطل = ______ أونصة

د. $\frac{}{16}$ رطل = $\frac{3}{4}$ رطل = ______ أونصة

هـ. $\frac{}{16}$ رطل = $\frac{1}{8}$ رطل = ______ أونصة

و. $\frac{}{16}$ رطل = $\frac{3}{8}$ رطل = ______ أونصة

2. ارسم مخططًا شريطيًا لتوضيح كيف تساوي $2\frac{1}{2}$ الأرطال 40 أونصة.

3.

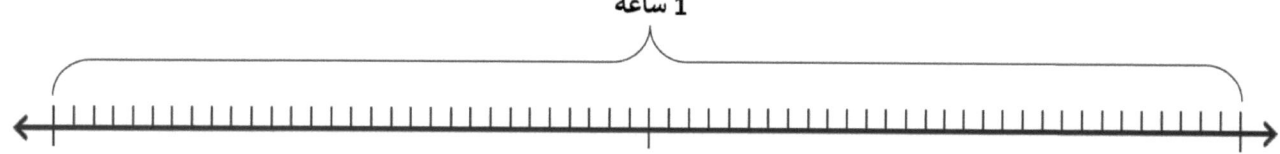

أ. $\frac{1}{60}$ ساعة = ______ دقيقة

ب. $1\frac{7}{8}$ ساعة = $\frac{1}{2}$ ساعة = ______ دقيقة

ج. $1\frac{7}{8}$ ساعة = $\frac{1}{4}$ ساعة = ______ دقيقة

4. ارسم مخططًا شريطيًا لتوضيح كيف تساوي $1\frac{1}{2}$ الساعات 90 دقيقة.

5. حل.

أ. $1\frac{1}{8}$ رطل = _____ أونصة	ب. $3\frac{3}{8}$ رطل = _____ أونصة
ج. $5\frac{3}{4}$ رطل = _____ أونصة	د. $5\frac{1}{2}$ رطل = _____ أونصة
هـ. $1\frac{1}{4}$ ساعة = _____ دقيقة	و. $3\frac{1}{2}$ ساعة = _____ دقيقة
g. $2\frac{1}{4}$ ساعة = _____ دقيقة	ح. $5\frac{1}{2}$ ساعة = _____ دقيقة
ط. $3\frac{1}{3}$ ياردة = _____ قدم	ي. $7\frac{2}{3}$ ياردة = _____ قدم
ك. $4\frac{1}{2}$ جالون = _____ ربع جالون	ل. $6\frac{3}{4}$ جالون = _____ ربع جالون
m. $5\frac{3}{4}$ قدم = _____ بوصة	ن. $8\frac{1}{3}$ قدم = _____ بوصة

الاسم _____   التاريخ _____

1. ارسم مخططًا شريطيًا لتوضيح كيف تساوي $4\frac{3}{4}$ الجالونات 19 أرباع جالونات.

2. حل.

أ. $1\frac{1}{4}$ رطل = _____ أونصة	ب. $2\frac{3}{4}$ ساعة = _____ دقيقة
ج. $5\frac{1}{2}$ قدم = _____ بوصة	د. $3\frac{5}{6}$ قدم = _____ بوصة

الاسم _____ التاريخ _____

استخدم عملية اقرأ وارسم واكتب لحل المسائل التالية.

1. يستغرق برنامج الكرتون $\frac{1}{2}$ ساعة. ويستغرق الفيلم 6 أضعاف ما يستغرقه برنامج الكرتون. فكم تستغرق مشاهدة كلٍّ من برنامج الكرتون والفيلم معًا؟

2. يبلغ طول مقعد $7\frac{1}{6}$ كبير قدمًا. يزيد طوله عن مقعد صغير حوالي 17 بوصة. فكم يبلغ طول المقعد الصغير بالبوصات؟

3. تحتوي الحاوية الأولى على 4 جالونات وربعي جالون من العصير. وتحتوي الحاوية الثانية على جالونات أكثر من $1\frac{3}{4}$ الحاوية الأولى. فكم تحتوي كلا الحاويتين من العصير، معًا؟

4. يبلغ طول فتاة قدمًا. ويبلغ طول زرافة 3 أضعاف طول $3\frac{1}{3}$ الفتاة. فكم يزيد طول الزرافة عن طول الفتاة؟

5. توضع خمس أونصات من المعجنات في كل كيس. فكم كيسًا يمكن إعداده من $22\frac{3}{4}$ أرطال من المعجنات؟

6. تتطلب عشرون حصة من الفطائر 15 أونصة من خليط البان كيك.

   أ. فما الكمية المطلوبة من خليط البان كيك لإعداد 120 حصة؟

   ب. تمديد: يُشترى الخليط في أكياس $2\frac{1}{2}$ بسعة رطل. فكم كيسًا سيكون مطلوبًا لإعداد 120 حصة؟

الاسم _____ التاريخ _____

استخدم عملية اقرأ وارسم واكتب لحل المسألة التالية.

استغرق إنهاء جيجي لسباق الدراجات ساعة واحدة و20 دقيقة. استغرق إنهاء جوني للسباق ضعف توقيت جيجي بسبب تعرضه لثقب في الإطارات. فكم دقيقة استغرقها جوني لإنهاء السباق؟

يبلغ طول غرفة النوم المستطيلة لإيما 11 قدمًا وعرضها 12 قدمًا. ارسم مخططًا لغرفة نوم إيما وضع عليه أبعادها. فكم مساحة السجادة بالأقدام المربعة التي تحتاجها إيما لتغطية أرضية غرفة نومها؟

اقرأ   ارسم   اكتب

الاسم _____ تاريخ _____

1. يبلغ طول غرفة النوم المستطيلة لإيما 11 قدمًا وعرضها 12 قدمًا مع خزانة ملحقة أبعادها 4 أقدام × 5 أقدام. فكم مساحة السجادة بالأقدام المربعة التي تحتاجها إيما لتغطية أرضية غرفة نومها وخزانتها؟

2. من أجل توفير المال، صرفت إيما النظر عن وضع سجادة لخزانتها. بالإضافة إلى ذلك، ترغب في وجود زاوية بأرضية خشبية بطول 3 أقدام × 6 أقدام في غرفة نومها. فكم مساحة السجادة بالأقدام المربعة التي تحتاجها إيما لتغطية أرضية غرفة نومها الآن؟

3. أوجد مساحة الشكل الموضح جهة اليمين.

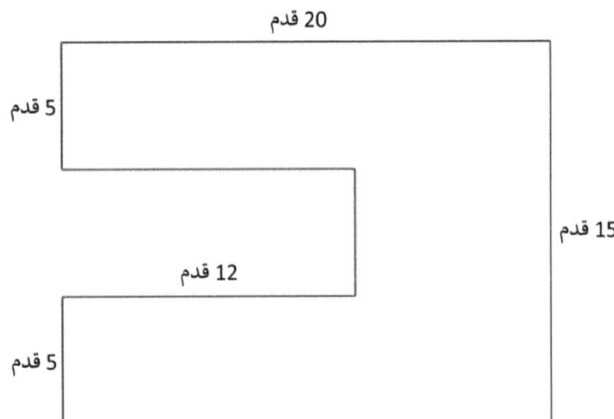

4. ضع أبعاد أضلاع الشكل أدناه بالقياسات المنطقية. أوجد مساحة الشكل.

5. حديقة بيتركين بها نافورة مربعة مع ممر حولها. يبلغ طول كل جانب من جوانب النافورة 12 قدمًا. وعرض الممر $3\frac{1}{2}$ قدم واحدة. أوجد مساحة الممر.

6. إذا كان كيس واحد من الحصى يغطي 9 أقدام مربعة، فكم عدد أكياس الحصى التي ستكون مطلوبة لتغطية الممر بأكمله حول النافورة في حديقة بيتركين؟

الاسم _____   تاريخ _____

يوجد في الجدول أدناه الموضوعات التي تعلمتها في الصف الرابع والتي استُخدمت في درس اليوم.

اختر موضوعًا واحدًا، واشرح كيف نجحت في استخدامها اليوم.

قسمة عددًا مكونًا من ثلاثة أرقام في عدد مكون من رقم واحد	قانون المساحة	ضرب الأعداد المكونة من رقمين بمثيلاتها
حل المسائل الكلامية متعددة الخطوات.	جمع الأعداد متعددة الأرقام	طرح الأعداد متعددة الأرقام

الدرس 16 مجموعة المسائل

الاسم _____ تاريخ _____

اعمل مع شريكك لإنشاء كل مخطط أرضية على قطعة منفصلة من الورق، كما هو موضح أدناه.

يجب عليك استخدام منقلة ومسطرة لإنشاء كل مخطط أرضية وتأكد من أن كل مستطيل تُنشئه به مجموعتان من الخطوط المتوازية وأربع زوايا قائمة.

تأكد من وضع أبعاد كل جزء من نموذج بالقياسات الصحيحة.

1. يبلغ طول غرفة النوم المستطيلة في بيت دمى سامانثا 26 سنتيمترًا وعرضه 15 سنتيمترًا. ويبلغ طول سريرها المستطيل 9 سنتيمترات وعرضه 6 سنتيمترات. يبلغ عرض الخزانتين في الغرفة سنتيمترين. ويبلغ طول الخزانة الأولى 7 سنتيمترات والثانية 4 سنتيمترات. أنشئ مخطط أرضية لغرفة النوم التي تحتوي على سرير وخزانتين. أوجد مساحة الأرضية المفتوحة في غرفة النوم بعد وضع الأثاث في مكانه.

2. يبلغ طول نموذج مسبح مستطيل 15 سنتيمترًا وعرضه 10 سنتيمترات. ويزيد عرض الممر المحيط بالمسبح عن عرض المسبح بحوالي 5 سنتيمترات على كل من جوانب المسبح الأربعة. في أحد أقسام الممشى، يوجد مشتل زهور مساحته 3 سنتيمترات × 5 سنتيمترات. أنشئ مخططًا لمساحة المسبح مع الممشى المحيط به ومشتل الزهور. أوجد مساحة الممر المفتوح حول المسبح.

الاسم _____ تاريخ _____

يوجد في الجدول أدناه المهارات التي تعلمتها في الصف الرابع والتي استخدمتها لإكمال درس اليوم. تُقدم هذه المهارات في الأصل في الصفوف السابقة، وستواصل العمل عليها كلما انتقلت إلى صفوف لاحقة. اختر ثلاثة موضوعات من المخطط، واشرح مدى اعتقادك أنك قد تبني عليها وتستخدمها في الصف الخامس.

ضرب الأعداد المكونة من رقمين بمثيلاتها	استخدم قانون المساحة لإيجاد مساحة الأشكال المركبة	أنشئ أشكالاً مركبة من مجموعة السمات
اطرح الأعداد متعددة الأرقام	اجمع الأعداد متعددة الأرقام	حل المسائل الكلامية متعددة الخطوات
أنشئ خطوط متوازية ومتعامدة	قس الزوايا القائمة وأنشئها	قس بالسنتيمترات

الاسم _____ تاريخ _____

1. ما الذي يمكنك فعله الآن في الرياضيات ولم تكن قادرًا على فعله في بداية الصف الرابع؟

2. ما هي الأنشطة التي ترغب في ممارستها هذا الصيف للحفاظ على إتقانك أو أن تُصبح أكثر إتقانًا؟

3. ما نوع الممارسة التي ستساعدك على بناء إتقانك بهذه المفاهيم؟

الدرس 18 الانعكاس

الاسم _____ تاريخ _____

1. لماذا تعتقد أن المفردات كانت جزءًا مهمًا من رياضيات الصف الرابع؟ كيف تساعدك المفردات في الرياضيات؟

2. ما هي المصطلحات اللغوية التي تعرفها جيدًا، وأيها ترغب في تحسينها؟

وحدات دراسية

بذلت شركة Great Minds® قصارى جهدها للحصول على إذن لإعادة طباعة جميع المواد المحمية بحقوق الطبع والنشر. إذا لم يتم التعرف على أي مالك للمواد المحمية بحقوق الطبع والنشر هنا ، يرجى الاتصال بـ Great Minds للحصول على الإقرار المناسب في جميع الإصدارات المستقبلية وإعادة طبع هذه الوحدة.